십 대를
위한

지리 교과서 속
세계 분쟁
이야기

십 대를 위한
지리 교과서 속 세계 분쟁 이야기

초판 1쇄 발행 2025년 4월 30일
초판 2쇄 발행 2025년 11월 15일

지은이 한병관, 황상표, 박영신, 김정수, 심다정
펴낸이 이지은 **펴낸곳** 팜파스
기획편집 박선희
디자인 조성미
일러스트 박선하
마케팅 김서희, 김민경
인쇄 케이피알커뮤니케이션

출판등록 2002년 12월 30일 제 10-2536호
주소 서울특별시 마포구 어울마당로5길 18 팜파스빌딩 2층
대표전화 02-335-3681 **팩스** 02-335-3743
홈페이지 www.pampasbook.com | blog.naver.com/pampasbook
이메일 pampasbook@naver.com

값 15,800원
ISBN 979-11-7026-706-5 (43980)

십 대를
위한
지리 교과서 속
세계 분쟁
이야기

지식프레임

들어가며

전쟁은 왜 계속될까? 세계 여러 곳에서 갈등과 분쟁이 끊이지 않는 이유는 무엇일까? 국경을 두고 다투는 나라들, 자원을 차지하려는 경쟁, 무역과 종교, 더 나아가 환경을 둘러싼 갈등까지. 시간이 지나면 모두 해결될 것이라는 희망을 품어 보지만, 분쟁은 계속해서 새로운 형태로 '우리'에게 다가온다.

때로는 세계 곳곳에서 펼쳐지는 여러 분쟁이 나와는 상관없는 일처럼 느껴지기도 한다. 하지만 우리가 사는 세계는 하나로 연결되어 있다. 어떤 지역에서 발생한 갈등이 전 세계의 경제와 교역의 흐름을 흔들고, 우리의 삶에 직접적인 영향을 미친다. 러시아-우크라이나 전쟁으로 식량과 천연가스 가격이 급등하고, 중동의 분쟁이 전 세계 에너지 공급망을 뒤흔드는 일들을 통해 우리는 이러한 일을 실제로 겪고 있다. 결국, 세계 여러 지역에서 벌어지는 분쟁을 제대로 이해하지 못하면, 우리가 사는 세상을 온전하게 이해하기 어렵다.

지리는 이런 세계의 여러 분쟁 상황을 객관적으로 이해할 수 있도록 도와준다. 자칫 갈등과 분쟁을 단순한 대립 구도로만 이해하게 된다면 우리에게 밀려올 여러 영향에 대해 대비하기 어렵다. 분쟁은 정치적 배경으로만 발생하는 것이 아니라 그 이면에 지형, 기후, 자원 분포, 무역, 세계화 등 여러 지리적 요인이 깊이 얽혀 있기 때문이다. 책에서 다루는 러시아-우크라이나 전쟁, 이스라엘과 팔레스타인의 충돌, 유럽 내 분리 독립 운동, 물과 자원을 둘러싼 국제적 갈등 등 이러한 사건들은 단순한 정치적, 경제적 이해관계만으로 설명될 수 없다.

이 책은 세계 곳곳에서 벌어지는 다양한 분쟁을 자원, 무역, 환경, 민족과 종교 등 여러 주제로 나누어, 지리적 관점에서 풀어낸다. 자원을 둘러싼 분쟁에서는 특정 지역이 천연자원의 축복을 받았음에도 왜 끝없는 갈등에 시달리는지를 탐구하고, 종교와 민족 갈등의 경우, 오랜 역사 속에서 지리적 경계가 어떻게 사회적, 정치적 균열을 만들어 왔는지를 설명한다.

지리는 단순한 공간적 개념이 아니다. 지리를 배우는 것은 곧 세상을 이루는 여러 요소들이 어떻게 연결되어 있는지를 이해하는 과정이다. 갈등과 분쟁을 지리적으로 본다는 것은 표면적 사건 아래 숨겨진 여러 요소를 해석할 수 있다는 말과 같다. 나아가 복잡한 세계 속의 여러 현상을 다각도로 보는 힘을 기를 수 있다. '지리'라는 렌즈를 통해 우리는 서로 연결된 세상을 더욱 깊이 이해하고, 보다 균형 잡힌 시각을 가질 수 있을 것이다.

차 례

풍요의 땅, 우크라이나는 왜 전쟁터가 되었을까?

러시아 – 우크라이나 전쟁

우크라이나 땅에 미사일이 떨어진 날

"좋은 저녁입니다. 여러분. 대통령이 여기에 있습니다. 우리의 군과 시민들이 여기에 있습니다. 우리는 모두 국가를 지키기 위해 싸우고 있습니다. 우크라이나에 영광을!"

_키이우에서 SNS로 전한 젤린스키 대통령의 연설

2022년 2월 24일 새벽. 미사일 수백 발이 우크라이나에 쏟아졌다. 러시아 지상군은 우크라이나의 서부를 뺀 나머지 방면을 포위한 채 국경을 넘어 쳐들어왔다.

21세기, 그것도 유럽 한복판에서 국가 간 전면전이 일어났다는 사실에 전 세계는 큰 충격에 휩싸였다. 제1차, 제2차 세계대전이 일어나 유럽을 중심으로 전 세계가 피로 물들었던 20세기의 악몽이 떠올랐다. 세계대전이 끝난 후 자본주의를 대표하는 미국과, 공산주의를 대표하는 소련이 맞서는 냉전이 이어졌다. 1991년 소련이 무너지면서 표면적으로 냉전은 끝났다. 이후 유럽 대륙은 아슬아슬하게 평화를 이어 오고 있었다. 그러다 이 전쟁으로 한순간에 그 평화가 무너진 것이다.

사람들은 우크라이나가 러시아를 상대로 일주일도 버티지 못할 것이라고 예상했다. 실제 전쟁이 일어난 지 하루 만에 우크라이나의 수도 키이우에 러시아 공수 부대가 진입했다. 그러나 그 순간 모두가 대피했다고 생각한 우크라이나 젤린스키 대통령이 SNS에 짧은 영상을 올렸다. 대통령과 고위 관료들은 여전히 수도에 있고, 우크라이나를 지키기 위해 함께 싸우자는 내용이었다.

이 영상은 우크라이나군과 국민들에게 나라를 지킬 의지를 불러일으켰다. 또한 전 세계를 향해 평화를 파괴하는 러시아에 맞서 싸울 수 있다는 의지를 드러냈다. 오랫동안 소련의 공산주의와 대립하던 자유주의 국가들 즉 미국, 영국, 프랑스, 독일 등은 우크라이나에 막대한 군사적, 경제적 지원을 약속했다.

전쟁 초반에만 해도 러시아도 국제 여론을 의식하여 애써 이 전쟁을 '특별 군사 작전'이라고 부르며 작은 갈등처럼 만들어 빠르게 마무리하려고 했다. 하지만 예상치 못한 우크라이나의 반격에 러시아가 큰 피해를 입으면서 전쟁은 빨리 끝나지 않았다. 결국 러시아는 대규모 병력을 모아 전쟁터로 보냈고, 일주일이면 끝나리라 여겼던 전쟁은 3년을 넘어 지금까지 이어지고 있다.

냉전은 끝나지 않았다

1990년대 미국의 경제학자 토머스 프리드먼은 세계 여러 나라들이 서로 교류하는 '세계화'를 주제로 책을 썼는데, 그 책에는 '황금 아치 이론'이라는 것이 나온다. 이 이론은 황금 아치로 상징되는 맥도날드가 진출한 국가 간에는 전면적인 전쟁을 치르기 어렵다는 주장이다.

1945년부터 약 50년 동안 미국과 소련은 세계 패권을 차지하기 위한 경쟁을 벌였다. 미국은 개인의 사유 재산을 인정하는 '자본주의'를, 소련은 재산을 공동 소유해 국가가 관리하는 '공산주의'를 앞세워 세계 나라들을 자신의 체제로 물들이려 했다. 이것이 바로 냉전(cold war) 시대다. 그러다 1990년대가 되어 공산주의 대표 국가인 소련이 몰락하면서 미국의 승리로 냉전 시대가 끝났다.

냉전이 끝난 후 교통과 통신 기술의 발달로 세계 여러 지역이 교류하며 연결되었다. 세계화가 진행된 것이다. 그러면서 국가들끼리 경제적으로 더 긴밀한 관계를 맺게 되었다. 여러 나라를 상대로 거래하는 다국적 기업이 등장하면서 경제의 세계화 역시 빠르게 진행되었다. 미국의 햄버거 회사인 맥도날드가 미국만이 아니라 전 세계에 진출해 매장을 두는 것이 한 예이다. 프리드먼은 세계화로 인해 경제가 발전하면서 누구나 맥도날드를 먹을 수 있을 정도로 소득이 높은 중산층이 생기면 그 국가들 간 전면전이 일어나기 어렵다고 주장했다. 경제 수준이 발전한 국가들 간 전쟁이 일어나면 큰 피해가 생기고,

▲ 모스크바 푸시킨 광장의 첫 맥도날드 지점　　　©fdecomite 출처 위키미디어 커머스

서로 경제적으로 연결된 상태이기 때문에 전쟁을 주저하게 된다는 것이다.

황금 아치 이론은 미국의 가장 큰 적대국이던 소련이 무너지고 나서 개편된 러시아에 맥도날드가 입점하면서 큰 관심을 받았다. 러시아의 수도 모스크바에 생긴 맥도날드에 연일 수만 명이 넘는 러시아인들이 줄을 서는 장면은 냉전이 끝났다는 신호이며, 세계화로 인한 평화의 상징이었다.

그러나 2022년 2월, 러시아에 맥도날드가 입점한 지 30년이 훌쩍 넘은 이 시점에 황금 아치 이론은 다시 주목을 받았다. 러시아가 우크라이나를 전면적으로 침공했는데, 양국의 맥도날드 점포는 약 1,000개나 있었기 때문이다.

우크라이나를 침공한 대가로 러시아는 미국 등 세계 주요 국가들의 경제 제재를 받았다. 맥도날드를 포함한 다국적 기업들이 러시아에서 철수하게 된 것이다. 그러자 다시 미국과 러시아의 대결이 시작된 것이 아니냐며 신(新)냉전에 대한 긴장이 커지고 있다. 세계화가 되면서 이념과 체제가 달라도 서로 융합될 수 있다고 믿었던 국가들은 다시 어느 편인지를 선택해야 하는 상황에 처한 것이다.

이 전쟁으로 미국과 서유럽 국가들로 대표되는 서방 세계와 러시아와 중국이 포함된 반(反, anti) 서방 세계가 대립하고 있다. 러시아는 그간 세계화로 얻은 경제, 정치, 외교의 이익 등을 모두 잃을 것을 알고도 우크라이나를 침공했다. 그래야만 하는 이유가 있었을까? 그것을 알기 위해서는 두 나라의 지리적 관점을 잘 살펴야 한다.

러시아가 결코 포기할 수 없는 우크라이나의 지리적 가치

"소련의 붕괴는 20세기 최대의 지정학적 재앙이다."

2005년 러시아의 푸틴 대통령이 의회에 보낸 의견서에 쓰인 내용이다.

소비에트 사회주의 공화국 연방. 즉 소련은 공산주의를 외치던 공

◀
유럽에서의 우크라이나
위치

화국 15개국의 연맹이었다. 공산주의가 몰락하며 소련이 해체되면서 우크라이나를 포함한 14개의 국가가 러시아에서 독립해 나왔다.

이 나라들이 독립하고 보니 러시아의 수도 모스크바의 위치가 서쪽에 치우친 셈이 되었다. 러시아는 정치, 경제, 사회적 기반 시설 등이 집중된 모스크바가 서쪽에 치우쳐 서유럽과 맞닿아 있는 것을 불안하게 여겼다. 유럽 곳곳에는 잠재적 적국인 미국의 군대가 주둔해 있었고 영국, 독일 등 서유럽 국가들과 모스크바 사이에는 산맥이나 강 같은 자연의 장애물이 없어 방어에 취약하기 때문이다. 러시아가 우크라이나를 손에 넣으려는 이유는 여기에서 찾을 수 있다. 러시아는 우크라이나가 자신의 영향 아래 있어야 서방 세계와 직접 대면하는 것을 피해 줄 완충지로 삼을 수 있는 것이다.

우크라이나의 위치를 지정학적으로 살펴보면 러시아에 우크라이나가 얼마나 중요한 가치를 지니는지 알 수 있다. 우선 유럽에서 우크라이나는 러시아 다음으로 가장 면적이 넓은데다가, 국토 대부분이 평원이라 예로부터 서유럽과 러시아를 이어 주는 통로였다.

또 다른 이유는 바닷길 때문이다. 러시아는 위쪽에 있는 북극해로는 나아갈 수 없었다. 겨울이 길고 혹독해 바다가 얼어 북극해는 바닷길로 쓸 수 없었던 것이다. 그 대신 우크라이나의 남부에 있는 오데사, 세바스토폴 등 항구 도시들을 통해 흑해로 나갈 수 있었다.

과거 러시아 제국 때부터 러시아의 최우선 목표는 얼지 않는 항구인 부동항을 갖는 것이었다. 우크라이나는 러시아가 부동항을 가질 수 있는 매우 중요한 통로였다. 2014년 우크라이나로부터 흑해로 튀어나와 있는 크림반도를 강제로 합병했을 때도 이런 의도가 있었다. 러시아는 미국과 서유럽 등 서방 국가와 가까워지려는 우크라이나로부터 부동항을 얻어 내려고 했던 것이다.

이처럼 지리적으로 보았을 때 우크라이나의 위치는 러시아에 매우 중요하다. 폴란드 출신의 미국 정치학자이자 국가 안보 보좌관이었던 즈비그뉴 브레진스키는 자신의 책에서 러시아가 유럽의 중심 국가가 될지, 아니면 아시아의 변방 국가가 될 것인지 결정하는 키는 우크라이나 확보에 달려 있다고 말할 정도다.

러시아가 우크라이나를 확보하려는 이유로는 냉전 시대부터 이어진 미국과의 힘겨루기도 있다. 1949년 미국을 중심으로 한 군사 동맹인 북대서양 조약기구(NATO)가 창설되었다. 당시는 제2차 세계대전이 끝나고 얼마 되지 않은 시기였는데, 유럽에 공산주의 세력이 점점 커지자 이를 막기 위해 집단 방위 동맹을 맺은 것이다. 미국과 캐나다와 서유럽 국가들이 이 조약기구에 가입했다. 그러자 이에 맞서 1955년 소련 역시 동독을 포함한 동유럽 국가들과 함께 군사 동맹인 바르샤바 조약기구(ОВД)를 만들었다. 우크라이나는 핵무기와 기갑 전력 등 소련군의 핵심 전력들이 북대서양 조약기구를 견제하기 위한 지역이었다.

그러나 1991년 소련이 해체되면서 자연스럽게 바르샤바 조약기구도 해체되었다. 소련에 속해 있다 독립한 국가들은 하나둘 북대서양 조약기구에 가입하기 시작했다. 1999년에는 체코, 헝가리, 폴란드, 2004년에는 불가리아, 에스토니아, 라트비아, 리투아니아, 루마니아, 슬로바키아, 슬로베니아, 2009년에는 알바니아, 크로아티아, 2017년에는 몬테네그로, 2020년에는 북마케도니아까지 가입했다. 러시아는 이것을 불편해하며 북대서양 조약기구가 동쪽으로 진출하여 자신들을 압박하려 한다며 '동진(東進)'이라고 불렀다.

그러는 와중에 우크라이나는 계속 완충지로 남았다. 우크라이나에 대해서는 미국도 그동안 조심스러운 입장이었다. 유럽의 주도권을 놓지 않으려는 러시아를 경계하는 미국의 정치 군사 전문가들조차 우크라이나까지 북대서양 조약기구에 가입하는 건 러시아를 크게 자극해 갈등을 일으킬 수 있다고 예측했다.

러시아 또한 불편한 심기를 보이면서도 우크라이나를 더는 넘어서는 안 되는 마지노선으로 여기는 모양새였다. 하지만 우크라이나 국민들 사이에서는 러시아가 힘으로 자신의 나라를 지배하려 들지

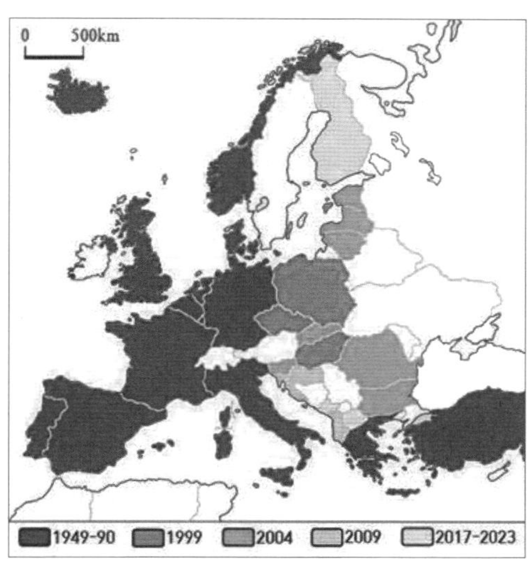

북대서양 조약기구(NATO)의
연도별 확장

모른다는 불안감이 커져 갔다.

그러던 차에 2014년 러시아가 우크라이나의 땅이던 크림반도를 강제로 자기 영토로 합병시키는 일이 일어났다. 또한 우크라이나의 동부에 있는 돈바스 지역에서 내전이 일어났는데, 우크라이나로부터 분리되려는 반군을 러시아가 지원했다.

이러한 상황들이 이어지자 우크라이나는 북대서양 조약기구에 들어가 군사 동맹의 보호를 받고자 했다. 실제 2019년 우크라이나는 헌법을 개정해 러시아의 영향력에서 벗어나려 했다. 유럽연합(EU)과 북대서양 조약기구 가입 방침을 헌법에 명시한 것이다. 더 나아가 2021년 11월 미국과 우크라이나가 북대서양 조약기구의 가입을 위한 전략적 파트너십 헌장을 체결했다. 그러자 러시아는 국가 안보에 가장 핵심적인 완충지를 잃어버릴지 모른다는 위기감에 휩싸였다.

결국 러시아는 전쟁을 준비해 2022년 2월 우크라이나를 전면적으로 침공했다. 러시아의 침공은 역설적으로 2023년 핀란드, 2024년 스웨덴마저 북대서양 조약기구에 가입하게 만들어 러시아가 더 큰 압박을 받게 했다.

자원으로 유럽을 옭아매려는 러시아의 속내

우크라이나의 지정학적 위치가 러시아가 침공한 가장 큰 원인으로 꼽히지만, 그 외에도 여러 지리적인 이유가 있다. 그중 하나가 바로 천연가스다. 러시아는 천연가스가 풍부해 이것을 유럽으로 수출한다. 천연가스를 파이프라인(소유즈 라인, 브라더후드 라인 등)을 통해 유럽에 공급하는데, 이 파이프라인이 우크라이나를 통과한다. 게다가 우크라이나는 유럽에서 러시아 다음으로 천연가스가 풍부하게 매장되어 있다.

러시아가 전쟁에서 이겨 우크라이나를 확실히 지배할 수 있다면, 서유럽 국가들은 천연가스를 수입하는 데 러시아에 더욱 기대게 될 것이다. 파이프라인을 통해 받는 천연가스는 일단 가격이 저렴하다. 중동 지역에서 수입해 오려면 가스 운반선을 이용해야 해서 운송비가 많이 들기 때문이다. 따라서 러시아의 천연가스는 유럽 국가들에게 매우 매력적인 자원이다.

▲ 유럽 연결 주요 가스관 지도

이렇게 러시아에서 천연가스를 수입해 오다 보니 유럽 국가들은 러시아에 에너지를 점점 의존하게 되었다. EU에너지조정협력국(ACER)에 따르면 2020년을 기준으로 북대서양 조약기구 주요 국가들의 러시아 천연가스 의존율이 북마케도니아 100%, 핀란드 94%, 불가리아 77%, 독일 49%. 이탈리아 46%, 폴란드 40% 등으로 나타날 정도다.

상황이 이렇게 되자 러시아는 유럽과 갈등이 생기면 천연가스를 수출하지 않겠다는 협박을 일삼았다. 실제로 유럽 뉴스들을 살펴보면 '파이프라인 밸브를 잠그다'라는 표현이 종종 등장한다. 러시아가 파이프라인 밸브를 잠가 천연가스를 공급하지 않는다는 이야기다.

겨울이 추운 유럽은 러시아의 천연가스가 없으면 당장 난방을 중단해야 한다. 게다가 에너지 비용도 엄청나게 오르고, 이로 인해 물

가도 크게 오르게 된다. 러시아는 천연가스를 이용해 유럽에 영향력을 행사했고, 이 전략은 상당 부분 먹혀들었다. 러시아-우크라이나 전쟁 이후 러시아에 대대적인 경제 제재를 가했지만, 천연가스 공급과 대금 결제는 예외로 두었을 정도다.

그런데 만일 천연가스가 풍부하고, 파이프라인이 지나가는 우크라이나가 러시아의 눈치를 보지 않아도 된다면 어떨까? 유럽이 러시아에 천연가스 수입을 의존하는 일이 줄어들 것이다. 그렇게 되면 러시아가 유럽에 영향력을 발휘하기도 어려워진다. 그래서 이를 걱정한 러시아가 우크라이나를 침공해 자신의 통제 아래에 두려 했다는 것이다.

한편, 러시아가 우크라이나를 손에 넣으면 세계 최대의 곡창 지대를 얻게 된다. 우크라이나는 세계에서 가장 비옥한 토양인 흑토(체르노젬)가 광범위하게 퍼져 있다. 흑토에는 유기물이 매우 많이 들어 있다. 유기물은 부식되어 검은색을 띠는데, 비료가 필요 없을 정도로 영양분이 풍부하다. 더욱이 우크라이나 중앙부를 흐르는 드니프로강에서 물이 풍부하게 공급된다. 농사를 짓기에 최적의 조건들을 갖춘 우크라이나는 '유럽의 빵 바구니'라는 별명을 얻었을 정도다.

이것은 우크라이나 국기에 그대로 나타나 있다. 우크라이나 국기의 노란색은 넓은 들판에 펼쳐진 밀밭을 상징하고, 파란색은 하늘과 물을 상징한다. 실제로 우크라이나는 많은 식량을 만들어 수출하고 있다. 유엔식량농업기구(FAO)에 따르면, 2018~2020년 평균 전 세계 식량 수출량에서 우크라이나가 차지하는 비율은 옥수수 13.3%,

▲ 우크라이나 밀밭   ▲ 우크라이나 국기

밀 8.5%, 해바라기유 42.6%, 보리 10.4%, 유채 11.4%, 대두 1.5% 정도다.

이런 배경에서 러시아는 꼭 우크라이나를 자신의 영향력 아래 두어야 한다. 1억이 넘는 러시아 인구를 먹일 식량을 마련해야 하고, 외교적으로 고립될 경우 식량 안보를 지켜야 하기 때문이다. 또한 전쟁이 러시아의 승리로 끝난다면 국제 식량 시장에 더 큰 영향력을 행사하게 되는 것이다.

전쟁을 멈추게 하는
천연의 지리적 장치

라스푸티차(Rasputitsa)란 러시아를 포함한 동유럽 지역에서 봄과 가을에 장마와 눈 녹은 물 등으로 만들어지는 진흙과 그 시기를 호칭하

는 러시아어다. 여름과 가을, 편서풍을 타고 대서양에서 수증기가 공급되어 이 지역에서는 우기처럼 비가 자주 내린다. 그러면 토양이 수분을 흡수하고 또 흡수하다가 늪과 같은 상태가 된다. 봄철에는 겨울에 내린 눈과 얼었던 토양의 수분이 녹으면서 마찬가지로 엄청난 진흙이 만들어진다.

진흙이 되어 버린 땅은 일부 포장도로를 제외하고는 다니기가 매우 어려워진다. 그러다 보니 이 라스푸티차는 과거부터 이 지역에서 치러진 전쟁을 멈추게 하는 천연의 장치가 되었다. 나폴레옹의 러시아 원정 때는 기마 부대와 마차가, 나치의 소련 침공 때는 기갑 부대가 라스푸티차에 빠져 진격을 멈췄다.

하지만 러시아-우크라이나 전쟁에서는 라스푸티차가 러시아에게 불리하게 작용했다. 러시아는 봄철 라스푸티차 시기가 되기 전에 빠르게 전쟁을 끝내려고 했지만 실패했다. 결국 라스푸티차 시기에 우크라이나는 전력을 보충해 큰 반격을 했고, 이것은 전쟁이 길어진 원인 중 하나가 되었다.

전쟁의 결말도 결국 지리다

2025년 현재, 우크라이나와 러시아는 우크라이나 동남부 전선에서 치열한 전투를 벌이고 있다. 우크라이나는 전쟁 이전의 영토를 회복하려 하고, 러시아는 크림반도-돈바스 지역 회랑을 지배하려 한다. 두 국가는 전쟁으로 많은 사람이 죽고 다쳤음에도 서로 포기할 수 없는 목적이 있어 여전히 대혈투를 치르고 있다.

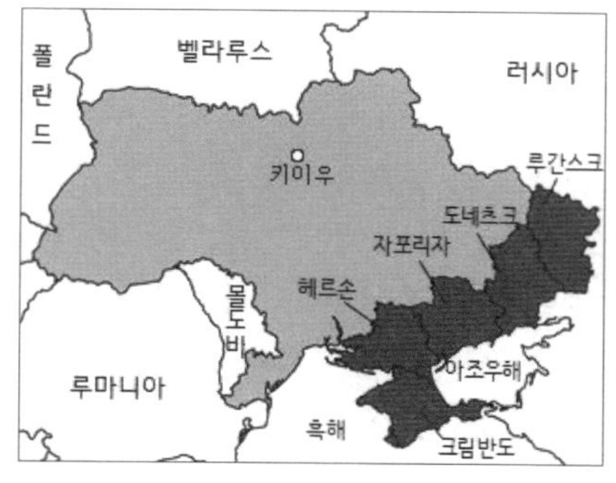

러시아가 침공 후 병합한 지역(크림반도의 경우 2014년에 병합). 일부 지역은 지금도 전선 상황에 따라 점령 지역이 변하고 있음

2022년 2월 러시아는 우크라이나의 수도인 키이우를 최우선 목표로 삼고 공수 부대를 투입했다. 그러나 우크라이나의 견고한 방어와 반격에 키이우를 점령하는 것은 물거품이 되었다. 그럼에도 러시아는 동남부 전투 지역에서는 소기의 목적을 달성했다. 2014년 우크라이나로부터 강제로 병합한 '크림반도'와 분리주의자들이 우크라이나로부터 독립을 선언한 '돈바스 지역(도네츠크, 루간스크 일대)'의 회랑을 연결했기 때문이다. 회랑이란 서로 떨어진 영토를 연결하는 폭이 좁고 긴 통로를 뜻하는 말로, 우크라이나 동남부 지역을 지배하려면 군사적으로 두 지역을 회랑으로 꼭 연결해내야만 했다. 그 과정에서 헤르손, 멜리토폴, 마리우폴 등 동남부 주요 도시에서는 기반 시설이 모두 파괴될 정도로 전투가 벌어졌다. 현재 두 나라는 엄청난 희생을 치르면서 영역을 넓히려 하지만 쉽지 않은 상황이다.

결과적으로 2022년 9월 러시아의 푸틴 대통령은 돈바스 지역의 도네츠크 인민공화국과 루간스크 인민공화국, 그리고 새로 점령한 헤르손주와 자포리자주 지역을 러시아 영토로 공식 병합했다. 비록 국제연합(UN)은 물론 세계 대부분의 나라가 인정하지는 않지만, 러시아가 새롭게 병합한 영토 면적은 약 108,915km², 인구로는 약 700만 명 정도다. 제2차 세계대전 이후에 이 정도 규모로 다른 나라의 영토를 강제로 침탈한 사례는 없었다.

이번 전쟁은 어떻게 끝이 날까? 우크라이나는 러시아에 빼앗긴 영토를 탈환하는 것이 전쟁의 유일한 종료 조건이라고 선언했다. 러시아 역시 흑해로 나갈 수 있는 통로인 크림반도와 돈바스 회랑 지역을 안정적으로 지배하기를 원한다. 따라서 이미 러시아 영토로 병합한 이 지역을 서방과 우크라이나가 공격한다면 핵을 사용할 수 있다고 위협한다.

한편, 우크라이나를 지원하는 서방의 고민도 깊어지고 있다. 우크라이나군에게 최신 무기들을 계속 제공하고 있지만, 전쟁이 길어지고 있기 때문이다. 러시아군이 단단히 방어하는 크림반도와 돈바스 회랑을 되찾기가 쉽지 않다. 전쟁 비용은 점점 늘어나고 러시아의 핵 위협 역시 큰 부담이다. 하지만 그렇다고 해서 국제 평화 질서를 파괴한 러시아를 인정하고, 우크라이나가 자국 영토를 포기하도록 설득할 수도 없는 노릇이다. 이렇듯 전쟁의 결말은 두 나라 모두 지리적으로 중요한 영토를 누가, 어디를, 어떻게 포기할 것인지에 달렸다.

세계화의 역설,
우리는 모두 함께 전쟁을 겪는다

러시아가 우크라이나를 침공한 지 2년이 훨씬 지났다. 지금까지 양 국가는 군인과 민간인 등 수십만 명이 목숨을 잃었다. 우크라이나는 국토의 상당 부분이 전쟁터가 되어 많은 기반 시설이 파괴되었다. 집계 기관에 따라 최소 150조에서 약 1,000조가 넘는 경제적 피해를 입었을 것으로 추정한다. 그렇다면 이 전쟁으로 우크라이나만 큰 피해를 겪었을까?

어떤 사람들은 멀리 떨어진 우크라이나에서 일어난 전쟁에 우리가 왜 이렇게까지 관심을 보이는지 의아해한다. 하지만 지난 30년 동안 세계화가 진행되며 전 세계는 여러 분야에서 촘촘하게 연결되었다. 그 결과 전쟁이 길어질수록 세계 곳곳에서 그 여파를 고스란히 겪게 되었다.

유엔식량농업기구(FAO)에 따르면 전쟁 이후 우크라이나 곡물 재배 면적이 최대 30% 줄어들고, 국제 곡물 가격이 20% 이상 오를 것이라고 분석했다. 전쟁으로 저장된 곡물을 잃게 되었고, 철도와 도로 같은 인프라가 파괴되어 곡물을 수송하기도 어렵다. 또 수출 통로였던 흑해도 봉쇄되는 등 식량 가격이 폭등할 만한 여러 원인이 생겼기 때문이다. 러시아 역시 세계 최대 밀 수출국인데, 전쟁으로 경제 제재를 받으면서 식량 보호주의를 펼치며 밀 수출을 금지했다. 이 역시 국제 곡물 가격이 폭등한 이유가 되었다.

실제로 2022년 식량 위기가 전 세계를 덮쳤다. 유엔식량농업기구(FAO), 세계식량계획(WFP), 유럽연합(EU) 등이 참여한 '2023 세계 식량 위기 보고서(Global Report on Food Crises)'에는 다음과 같은 내용이 담겨 있다. 전 세계에서 적절한 음식을 먹지 못해 생명이나 생계가 위태로운 인구가 무려 약 2억 5천 8백만 명으로 예상된다는 것이다. 이는 2021년 약 1억 9천 3백만 명에서 33%나 오른 수치다.

우크라이나와 러시아에서 직접 밀을 수입하던 중동 국가들의 상황은 더 심각하다. 식량을 구하지 못해 굶주린 인구가 폭발적으로 늘어나자, 식량을 제대로 공급해 주지 못하는 정부를 향한 불만이 높아졌다. 게다가 빈부 격차가 더 심해져 굶어 죽는 사람까지도 나오자 반정부 시위가 폭발적으로 일어나게 되었다. 선진국인 영국에서도 국민 6명 중 1명이 돈이 없어 굶고 있다는 통계가 나와 큰 충격을 주었다. 우리나라도 밀가루와 식용유의 가격이 크게 올랐고, 식용유가 품절되어 정부가 급히 개인당 구매 개수를 제한하는 상황도 벌어졌다.

전쟁으로 인해 천연가스와 석유 가격도 크게 올랐다. 이것은 곧 국제적인 에너지 위기로 이어졌다. 세계적인 천연가스 생산국이며 수출국인 러시아가 천연가스 생산을 멈추고 수출을 중단했기 때문이다. 서방 세계를 향한 보복으로 러시아가 자원을 무기처럼 활용한 것이다. 또한 러시아를 향한 경제 제재로 인해 러시아의 금융 시스템이 먹통이 되면서 러시아에 에너지 대금을 지급하기 어려워진 것도 원인 중 하나다.

우리나라에서도 2022년 도시가스 요금이 4월, 5월, 7월, 10월 각

각 올랐다. 2023년 1월 기준으로 보면 대략 1년 만에 난방비가 40%나 올랐다. 우크라이나에서 벌어진 전쟁으로 우리도 혹독한 겨울을 보낸 것이다.

러시아-우크라이나 전쟁은 두 나라는 물론 전 세계인들에게 큰 충격과 피해를 주고 있다. 평화를 기대하던 사람들에게 신냉전이라는 새로운 갈등을 안겨 주었다. 러시아의 푸틴 대통령은 전쟁이 불리해지자 핵 공격을 언급하며 전 세계를 긴장시키기도 했다.

이제 우리와 상관없는 전쟁은 없다. 우리가 사는 세계는 지리, 경제, 정치, 사회 등으로 촘촘하게 연결되어 있기 때문이다. 더 이상의 피해를 막고 평화로 나아가기 위해 전 세계가 함께 연대해야 한다. 어서 전쟁이 끝나 세계에서 가장 비옥한 흑토 위에 평화와 번영이 다시 심어지길 바란다.

02

21세기,
물의 전쟁이 시작되다

국제 하천 분쟁

5000년을 이어 온 파라오의 강,
빼앗길 위기에 처하다

나일강은 세계에서 가장 긴 강으로 알려져 있다. 이 나일강이 있어 황량한 사막에서 이집트는 5천 년 역사의 찬란한 문명을 만들어 내었다. 그런데 위대한 파라오가 지배했던 나일강을 빼앗길 위기에 처했다. 이집트 정부는 전쟁을 치러서라도 나일강을 지키겠다고 한다. "20세기 전쟁은 석유를 위해 싸웠다면, 21세기 전쟁은 물을 위해 싸울 것이다."라고 말한 이집트 출신 전(前) 세계은행 부총재 이스마일 세라겔딘(Ismail Serageldin)의 예측이 현실이 된 것이다. 도대체 누가, 왜 나일강을 빼앗으려는 걸까?

고대 그리스 역사학자인 헤로도토스(Herodotos)는 "이집트는 나일강의 선물이다."라는 말을 남겼다. 이집트 대부분의 지역은 연평균 강수량이 0mm에 이르는 극단적인 건조 기후여서, 현실적으로

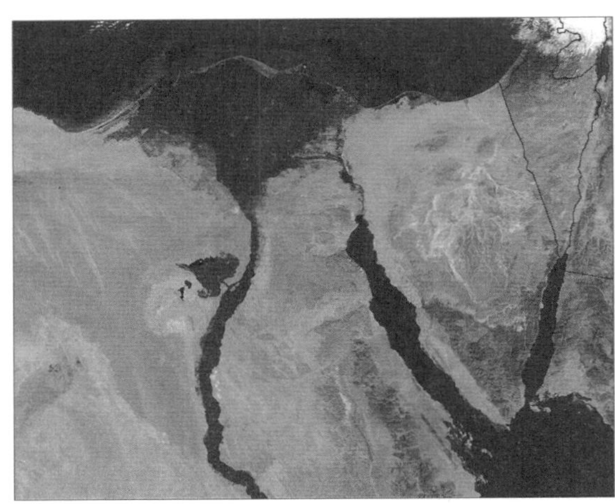

나일강 일대 위성 사진
©NASA

인간이 거주하기 어려운 환경이다. 그러나 이러한 땅에 다행히도 나일강이 흘러 인류 역사의 근원이 되는 고대 이집트 문명이 피어났다. 약 5천 년 전 고대 이집트 문명을 넘어 현재까지도 나일강은 이집트의 생명줄이나 다름없다. 위성 사진을 보면 헤로도토스의 말을 단번에 이해할 수 있다. 황토색의 드넓은 사막에서 한 줄기 초록의 생명줄이 이어진다. 이집트는 나일강이 만든 생명의 땅이다. 그렇기에 이집트인들에게 나일강의 의미는 남다르다. 그냥 하나의 강이 아니라 이집트 그 자체다. 그 나일강을 지금 빼앗길 위기에 처한 것이다.

사막에 흐르는 나일강,
진짜 주인은 누구일까?

이집트는 건조한 날씨로 인해 강수량보다 물이 증발되는 양이 더 많다. 그래서 영토 대부분이 사막이다. 사막에서는 강이 나타나더라도 간혹 비가 올 때만 강이 되는 '건천(Wadi)'이 일반적이다. 그런 환경에서 나일강은 희귀하고도 소중한 존재다. 나일강이 있어 1억 명이 넘는 이집트 국민은 사막에서도 부족하지 않게 물을 쓸 수 있다.

나일강은 어떻게 건조한 사막에서 흐를 수 있을까? 답은 바로 나일강의 길이에서 찾을 수 있다. 최장 6,650km에 이르는 나일강은 두 지류가 합쳐진 강이다. 두 지류는 백나일강과 청나일강으로 구분된다. 이 두 지류는 이집트 남쪽 수단에서 합쳐진다.

우선 청나일강은 에티오피아고원에서 시작된다. 에티오피아고원은 해발 고도가 높지만, 적도 주변에 위치해 강수량이 풍부하다. 조사 결과에 따라 조금씩 다르지만, 나일강 유량의 70~90%까지 에티오피아고원에서 시작된다. 백나일강도 마찬가지다. 백나일강 역시 적도 주변에 있는 부룬디고원에서 시작되어 강수량이 풍부한 르완다와 빅토리아 호수를 거쳐 청나일강과 합쳐진다.

강수량이 풍부한 상류에서 시작된 거대한 두 개의 지류가 사막 지역인 수단 하르툼에서 합쳐져 나일강의 본류(本流)를 이루는 것이다. 이처럼 습윤한 지역이나 고산 지역 등 외부에서 시작되어 건조한 지역으로 흐르는 하천을 '외래(外來)하천'이라 부른다. 즉, 이집트는 외래 하천인 나일강 상류에서 물이 안정적으로 흘러야지만 국가가 유지될 수 있다.

이집트는 오래전부터 이 지역의 패권을 쥔 국가다. 주변국들에 비해 막강한 군사력을 지녔으며, 수에즈 운하의 통과료를 받는 등 상대적으로 큰 경제력을 바탕으로 나일강 수자원 대부분을 안정적으로 이용한다. 그랬기에 이집트 국민들은 나일강이 분쟁의 대상이 되리라고는 생각조차 하지 못했다.

그러나 세상이 변했다. 이집트의 영향력에 숨죽이고 있던 에티오피아와 수단이 나일강의 수자원을 갖기 위해 나선 것이다. 에티오피아와 수단은 나일강 상류에 있어 이집트에게 매우 중요한 국가다. 이집트도 이 사실을 잘 알고 있다. 그래서 이집트는 1929년 식민지 시대 영국과 나일강 조약(Nile water agreement)을 맺어 수단과 함께 나일강 전체 수량의 90%를 우선 사용할 수 있는 권리를 보장받고, 나일강 유역을 지배할 권리를 다잡았다. 1959년에는 수단과 나일강 수량에 대한 협정을 맺어 물 사용권에 대한 비율을 일부 조정하기도 했다. 그러나 나일강 상류에서 약 80%의 물을 흘려보내는 에티오피아의 권리는 철저히 무시되었다. 이런 와중에 이집트가 건설한 아스완 댐으로 수단의 땅 일부가 물에 잠기고, 상류에서 홍수가 일어나는 등 문제가 계속해서 생겼다.

나일강의 상류에 있는 국가들은 이처럼 이집트가 나일강의 수자원을 독차지하는 것에 반발하기 시작했다. 그러나 이 지역에서 막강한 힘을 휘두르는 이집트는 이 국가들의 반발을 무시하거나, 때로는

나일강 유역과 GERD 위치
©Hel-hama **출처** 위키미디어 커머스
https://commons.wikimedia.org/wiki/
File:River_Nile_map.svg#mw-jump-to-
license

협박으로 무마해 왔다. 1978년 안와르 사다트 이집트 대통령은 나일강의 수자원을 누군가 이용하려 한다면 바로 전쟁이라고 선언했으며, 2013년 무함마드 무르시 대통령은 나일강의 물 한 방울이라도 잃게 된다면 피로 대체하겠다고까지 했다.

그러나 에티오피아 역시 나일강을 양보할 수 있는 상황이 아니다. 에티오피아는 반복되는 독재와 내전으로 경제 상황이 어려워지며 세계에서 가장 가난한 나라가 되었다. 21세기에 들어 에티오피아는 가난을 극복하기 위해 나일강에 대한 권리를 주장하기 시작했다. 1999년 나일강 연안에 있는 나라들과 '협의체(NBI, Nile Basin Initiative)'를 만들어 나일강을 이용할 권리를 주장했다. 또 2010년 이집트와 수단의 나일강 이용 독점권을 인정하지 않고, 새로운 '수자

▲ 그랜드 에티오피아 르네상스 댐

원 이용 협정(엔테베 조약)'을 상류 국가들과 맺기도 했다.

결정적으로 에티오피아는 2011년 나일강 상류인 청나일강에 그랜드 에티오피아 르네상스 댐을 건설하기로 했다. 에티오피아는 전력을 생산하기 위해 댐을 짓는다고 밝혔다. 그러나 이 댐에 이집트가 예민하게 반응할 수밖에 없었다. 그 이유는 바로 댐의 크기 때문이다.

그랜드 에티오피아 르네상스 댐은 길이 1,800m, 높이 155m인 거대한 댐이다. 약 740억 톤의 물을 저장할 수 있다. 이것은 우리나라 전체가 1년 동안 쓸 수 있는 수자원의 총량과 비슷한 수준이다. 이 댐으로 물을 가둔다면 에티오피아는 상류에서 나일강의 물을 통제

할 수 있게 될 것이다.

댐 하류에 있는 수단 역시 초기에는 에티오피아의 댐 건설을 반대했다. 그러나 최근에는 에티오피아의 입장에 더 힘을 실어 주고 있다. 그랜드 에티오피아 르네상스 댐으로 약 6,500MW의 전기를 생산할 수 있는데, 이는 원자로 6기에서 만드는 전기의 양과 맞먹는다. 이렇게 되면 수단은 저렴한 비용으로 전기를 수입할 수 있다. 또한 댐이 건설되면 매년 나일강이 범람해서 입는 피해를 줄일 수 있기 때문이다.

그랜드 에티오피아 르네상스 댐을 바라보는 이집트의 심경은 매우 복잡하다. 댐은 2025년 이미 완성되었고, 에티오피아는 이집트와의 갈등에도 아랑곳하지 않고 담수 작업(댐에 물을 채우는 행위)을 끝냈기 때문이다. 이렇게 되면 지리적으로 이집트의 생명줄을 에티오피아가 잡게 된다. 어째서일까?

이집트는 극한의 건조 기후여서 사람이 살 수 있는 지역은 나일강 유역 일대인데, 이 지역은 국토 면적에 약 4%에 불과하다. 문제는 이집트가 현재 지구에서 가장 인구가 빨리 늘고 있는 나라라는 점이다. 2025년 기준 이집트의 인구는 약 1억 1천 8백만 명인데, 인구의 95%가 국토 면적의 4%인 나일강 유역에 살고 있다. 더군다나 인구의 절반 가까이 농업에 종사하고, 매일 식량 부족에 시달리고 있다. 이런 상황에서 댐으로 인해 나일강 상류에서 공급되는 물과 퇴적물이 줄어든다면? 이집트는 경제 위기는 물론 생존을 위협하는 문제가 생길 것이 분명하다.

현재 이집트는 아프리카연합(AU) 등을 통해 외교적인 해결을 바라고 있으나, 에티오피아가 거부하고 있다. 이런 상황이라 나일강은 물로 인해 군사적인 충돌이 일어날 가능성이 가장 큰 곳으로 예측된다. 만일 에티오피아가 나일강의 수자원을 전략적인 무기로 활용한다면 21세기 물 전쟁이 벌어질 수 있다.

분쟁의 씨앗이 되는 국제 하천

나일강의 사례에서 봤듯이 물 분쟁은 주로 국제 하천에서 생긴다. 국제 하천이란 두 개 이상의 국가를 흐르는 하천을 뜻한다. 국제 하천이 흐르는 국가들은 서로 협력할 수도 있지만, 분쟁이 생길 확률이 더 높다. 특히, 21세기 들어 인구가 크게 늘고 지구 온난화 등으로 물 자원을 확보하는 것이 그 어느 때보다 중요해졌다.

사실 우리나라는 국제 하천 문제를 실감하기 어렵다. 우리나라는 동쪽이 높고 서쪽이 낮은 동고서저의 지형이어서, 주요 하천들이 대부분 서해로 흘러간다. 우리나라 땅에서 하천이 시작되고, 하천의 끝도 우리나라 바다인 것이다. 그러나 우리나라도 임진강과 북한강을 북한과 공유하면서 방류 문제로 인해 분쟁을 겪은 적이 있다. 2009년 북한이 임진강 상류의 황강 댐 물을 아무 통보 없이 흘려보내 하류에 있던 우리나라 국민 6명이 사망한 적도 있다. 이렇듯 국제 하천은 항상 분쟁의 대상이 될 수 있다.

한국수자원공사의 자료에 따르면 전 세계에 있는 국제 하천의 수는 300여 개가 넘는다. 국제 하천 유역에 사는 인구는 세계 인구의 40% 가까이 된다. 국제 하천을 통해 전 세계의 사람들과 물류들이 활발히 이동한다. 이렇듯 국제 하천은 우리 삶과도 밀접한 연관이 있다.

국제 사회는 과거부터 국제 하천의 중요성을 알고 분쟁을 예방할 필요성을 느꼈다. 현대적인 국제기구의 시초가 바로 1815년 유럽의 국제 하천인 라인강과 다뉴브강을 공동으로 관리하려는 목적으로 설립된 기구였을 정도다.

한 연구에 따르면 역사적으로 국제 하천 이용에 관한 조약이 약 3,600개에 달한다고 한다. 또한 세계은행(World Bank), 국제연합(UN) 같은 국제기구들이 지금도 세계 곳곳의 물 분쟁을 중재하고 있다. 세계 정세를 이해하고, 미래를 예측하기 위해서 국제 하천의 지리적인 특징과 분쟁 가능성 등을 꾸준히 탐구해야 한다.

11개의 대형 댐이 건설된
메콩강의 운명은?

우리는 물 분쟁이 일반적으로 물이 귀한 건조 기후 지역에서 생긴다고 생각한다. 그러나 비가 많이 내리는 열대 지역이어도 인간의 개입이 있다면 물 분쟁이 심하게 일어날 수 있다.

물은 당연히 높은 곳에서 낮은 곳으로 흐른다. 인간이 물의 흐름을 막지 않는다면 강 주변에 사는 사람들은 상류부터 하류까지 자연스럽게 강물을 이용하면서 살 수 있다. 그러나 물이 흐르는 높은 곳, 즉 상류에 사는 사람들은 조금이라도 물을 더 이용하려고 한다. 그렇기에 물을 가두는 댐을 건설하고, 수력 발전소를 가동한다. 하류에 사는 사람들은 상류에서 물을 가두고 흘려보내지 않을까 걱정한다. 이러한 모습이 대부분 국제 하천에서 나타나는 물 분쟁의 패턴이다.

엄청난 크기이긴 하나 나일강에서 에티오피아가 건설하려는 댐은 단 1개다. 그런데도 이집트는 전쟁을 말할 정도로 강하게 반발한다. 이렇듯 하류에 있는 국가라면 상류에 건설하는 댐에 민감하게 반응하는 것이 당연하다. 그렇다면 강 상류에 대형 댐이 11개 지어지고, 앞으로 11개가 더 건설될 예정이라면 어떨까? 하류에 있는 국가는 아마 이집트처럼 강하게 반발할 것이다. 그런데 그 상류 국가의 힘이 너무 강력하다. 하루하루 줄어드는 강물, 그로 인해 나빠지는 하천 생태계, 줄어드는 식량 생산량, 지하수 고갈로 무너지는 강둑 등 하류 국가에서는 문제가 계속 생겨난다. 바로 메콩강 이야기다.

메콩강은 세계에서 약 10위권에 드는 매우 긴 강이다. 중국 티베트고원에서 시작되어 태국, 베트남, 라오스, 캄보디아, 미얀마 등이 위치한 인도차이나반도를 거쳐 남중국해로 흐른다. 중국에서 시작되어 여섯 나라를 거쳐 흐르는 큰 국제 하천이다. 인도차이나반도에 자리 잡은 고대 문명부터 현대에 이르기까지 약 1억 명이 이 메콩강에 의지해 생활한다.

특히 메콩강은 상류에서 흘러온 퇴적물이 쌓여 하류에 거대한 삼

댐 이름	발전 시작 (연도)
만완	1993
다차오산	2002
징훙	2008
샤오완	2009
눠자두	2012
궁궈차오	2012
묘웨이	2017
황등	2017
다워차오	2018
리디	2018
우롱롱	2018

▲ 메콩강에 건설된 중국의 주요 댐

각주가 만들어졌는데, 이곳이 세계 최대의 곡창 지대가 되었다. 베트남의 경우, 열대 기후와 삼각주의 영향으로 1년 동안 벼를 3번이나 재배하는 삼기작이 가능할 정도다.

그러나 현재 메콩강 하류에 사는 사람들의 삶이 크게 위협받고 있다. 메콩강 수위(물의 높이)를 추적 관찰한 연구 보고서에 따르면 메콩강의 수위는 50년 만에 가장 낮은 높이를 기록했다. 심한 경우 평균 수위가 5m 이상 줄었는데, 대부분 상류에 건설된 중국 댐의 영향이었다.

중국은 1993년 이후 메콩강 상류, 윈난성 지역에 대형 댐을 11개 건설했다. 거기다 11개 이상을 더 지어 메콩강의 수자원을 적극적으로 확보하겠다고 발표했다. 여기에 메콩강 중류에 있는 라오스까지 댐을 건설한다. 전력 생산과 수자원을 이용하고자 중·소규모의 댐을 약 40개 이상 짓고 있다. 2018년 우리나라 한 건설사가 짓던 라오스 댐의 붕괴 사건도 이 과정에서 일어난 것이다. 이렇듯 댐이 수십 개 생겨나며 자연스럽게 메콩강 하류의 물은 말라가고 있다. 메콩강 하류에 사는 주민들의 삶이 위협받게 된 것이다.

상류 지역에 댐을 지으면서 하류로 흘려보내는 물이 줄어드는 것 말고도 큰 문제들이 생겼다. 먼저 세계 최고의 쌀 생산량을 자랑하는 메콩강 하류의 삼각주에 이상이 생겼다. 상류의 댐들이 하류 쪽으로 실트와 모래, 자갈 같은 퇴적물이 이동하는 걸 막은 것이다. 메콩강 위원회(MRC)의 연구에 따르면 1992년에 비해 2020년 메콩강을 통해 흘러 내려오는 퇴적물의 양은 약 25% 수준으로 줄어들었다. 지난 수백 년 동안 점점 면적이 넓어졌던 삼각주는 2005년부터는 면적이 줄기 시작했다. 메콩강에 흘러와 쌓이는 퇴적물의 양보다 침식되는 양이 더 많아진 것이다.

문제는 이게 끝이 아니다. 메콩강 하류 삼각주는 대부분 저지대다. 따라서 염분 농도가 높은 바닷물이 역류해 염해(염분으로 인해 농작물이 입는 피해)를 입기도 한다. 그동안은 풍부하게 공급되는 메콩강의 물과 퇴적물이 삼각주를 넓혀 주면서 염해 피해를 막아 주었다. 그러나 상류에 댐이 지어지고 나서 흘러 내려오는 물과 퇴적물이 줄었고, 심한 염해를 입어 식량이 생산되는 양도 급격하게 줄었다. 메콩강 하류의 수질도 심각하게 오염되어 어업을 하는 주민들 역시 피해를 입고 있다.

메콩강 유역에 있는 국가들도 이러한 문제를 모르는 것이 아니다. 1957년부터 메콩강을 함께 쓰는 라오스, 태국, 캄보디아, 베트남 등 4개국은 메콩강위원회(MRC)라는 국제기구를 만들어 메콩강 유역을 공동으로 관리하려 했다. 그러나 이 나라들은 내전을 겪고 있거나 낮은 경제 수준 등으로 실질적으로 관리하기가 어려웠다. 그러다 상류에서 중국의 댐이 건설되면서 1995년 '메콩 협약'을 맺으며 다시 공동 대응에 나섰다.

그러나 각 나라의 이해관계가 다 달라 중국에 한목소리로 대응하지 못하고 있다. 라오스와 캄보디아는 경제력이 낮아 중국의 경제적 지원이 꼭 필요한 상황이고, 태국 역시 메콩강을 통해 국제 무역을 하고자 중국의 눈치를 살피고 있다. 결과적으로 가장 하류에 있어 피해가 큰 베트남 혼자 중국에 대항하는 모양새이다.

중국도 이 국가들과 일부 협력하려는 모습을 보인다. 중국은 미얀마 등 메콩강 유역 국가들을 포함해 2016년 란창·메콩 협력체제를 만들었다. 여기서 란창은 메콩강을 부르는 중국어 표현이다. 메콩강 유역 국가들에 경제적인 지원을 하고, 정치적인 정당성을 얻고자 한 것이다. 중국 역시 항상 물 부족을 겪고 있고, 경제 성장에 필요한 전력을 얻으려면 메콩강의 수자원을 포기할 수 없기 때문이다. 중국이 메콩강이 시작되는 티베트에 강한 영향력을 행사하려는 것도 이를 뒷받침한다. 또한 미국과 중국이 세계의 패권을 두고 경쟁하는 지금, 중국은 인도차이나반도에 있는 국가들에 대한 영향력을 가지려는 의도도 있다.

이렇듯 메콩강의 물 분쟁은 주민들의 삶부터 국제 정치에 미치는 영향까지 매우 복잡하게 얽혀 있다. 메콩강 일대는 우리나라와도 활발하게 상호 작용을 하는 지역이라 더욱 이 물 분쟁에 관심을 가져야 한다.

세계 최강국도
물은 아주 귀중한 자원이다

미국은 세계에서 가장 국력이 강한 국가다. 넓은 영토와 석탄, 석유에 이르는 풍부한 자원을 바탕으로 매우 강력한 경제력과 군사력을 가졌다. 그러나 초강대국 미국도 물 분쟁을 피할 수 없다. 즉, 물 분쟁은 기후와 대륙, 그리고 경제력과 군사력에 관계없이 세계 곳곳에서 나타나고 있다.

세계 최강국과 물 분쟁을 겪는 국가는 멕시코다. 두 나라의 물 분쟁은 조금 흥미롭다. 각자가 보내 줘야 하는 '물 빚'이 있기 때문이다. 분쟁이 되는 강이 서로 떨어진 두 강이라는 점과 국경으로 이용된다는 점도 흥미롭다. 세계 최강국인 미국과 힘겨루기를 펼치는 멕시코의 물 분쟁 이야기를 알아보자.

미국과 멕시코는 국경을 맞대는 이웃 국가다. 흥미로운 사실은 미국과 멕시코를 구분하는 국경의 상당 부분이 자연적으로 흘러가

◀
리오그란데강과
콜로라도강 지도
출처 미국 천문학 연
구 협회(비영리단체)
웹사이트

는 강이라는 것이다. 리오그란데강은 미국 콜로라도에서 시작되어 대서양으로 흐르는 약 3,000km나 되는 긴 강이다. 그중 최대 약 2,000km가 미국과 멕시코의 국경으로 인식된다. 두 나라는 서로의 국경을 흐르는 강물의 사용을 놓고 오랫동안 갈등을 겪었다.

리오그란데강의 중·하류는 상당히 건조한 기후 지역을 흐르고 있다. 만일 국경 지대에 있는 양 국가의 주민들이 무분별하게 물을 사용한다면 쉽게 강물이 고갈될 수 있다. 실제 강 상류에 있는 미국 남부 뉴멕시코주와 텍사스주의 인구가 늘어나면서 하류에 있는 멕시코의 농업에 큰 타격을 주기 시작했다. 흘러 내려오는 물의 양이 줄었고, 오염도 심각해졌기 때문이다.

마찬가지로 콜로라도에서 시작되어 태평양으로 흘러가는 콜로라도강 역시 미국과 멕시코의 국경으로 일부 사용되며 물 분쟁을 겪었다. 결국 50년이 넘는 지루한 협상 끝에 두 나라는 1944년 리오그란데강과 콜로라도강의 수자원 분배에 관한 조약을 맺었다. 국경으로 사용되는 공유 하천인만큼 멕시코는 미국에 연간 약 4억 3천만m³의 물을 주는 대신 미국으로부터 연간 약 18억 5천만m³의 물을 받는 조약을 맺은 것이다.

문제는 인구가 늘고, 경제 개발로 물을 더 많이 쓰게 되었는데, 기후 변화로 가뭄이 오래 이어지고 있다는 점이다. 특히 리오그란데강의 경우 2022년 일부 지류가 아예 말라 버리거나, 주변 저수지의 물이 약 6%만 채워지는 등 물 부족이 심각하다. 최종적으로 대서양으로 흘러 들어가는 강물의 양이 전체의 약 20%에 불과하다는 연구 결과도 있다.

이렇다 보니 미국에 보내 줘야 하는 물의 양을 못 채우는 상황이 반복되고 있다. 양 국가는 5년 기준으로 물 정산을 하는데, 멕시코는 가장 최근 만기인 2020년 10월에도 할당량을 채우지 못해 '물 빚'이 계속 쌓이고 있다. 이에 미국은 멕시코에 경제 제재를 하겠다고 나섰다. 물을 받아 써야 하는 미국 쪽 주민들도 멕시코와 이어지는 길을 차단하는 등 강하게 반발하고 있다.

하지만 멕시코로서는 당장 뾰족한 방법이 없다. 우선 리오그란데강에 흐르는 전체 물의 양이 많이 줄어들었다. 그리고 리오그란데강 유역에 거주하는 일부 멕시코 주민들은 미국에 흘려보내야 하는 강물을 가두는 댐을 점거하고 농성하는 등 매우 반발이 심하기 때문이다. 이와 관련해 2002년에는 멕시코 대통령의 미국 방문이 무기한 연기된 적이 있고, 2020년에는 멕시코에서 '물 빚'을 갚는 것을 반대하는 시위가 크게 일어나 사망자도 나왔다.

우리가 지금까지 살펴본 물 분쟁들은 전 세계에 있는 물 분쟁 중 극히 일부 사례일 뿐이다. 지구 온난화 같은 기후 변화로 지구에 있는 물이 더 증발되어 물 부족은 더욱 심각해지고 있다. 게다가 계속해서 늘어나는 인구 역시 물 분쟁을 부추긴다.

맨 앞에 이야기한 전(前) 세계은행 부총재 이스마일 세라겔딘의 "20세기 전쟁은 석유를 위해 싸웠다면, 21세기 전쟁은 물을 위해 싸울 것이다."란 예측이 정말 현실이 되고 있다. 지금 우리가 물 분쟁을 겪지 않는다고 안심해서는 안 된다. 우리도 곧 다가올 물 분쟁의 시기를 준비해야 한다. 그렇기에 세계 곳곳에서 일어나는 물 분쟁들을 깊이 탐구하고, 이에 대비해야 할 것이다.

물이 부족하지 않아도
일어나는 국제 하천 분쟁

국제 하천 분쟁은 반드시 물이 부족해서 생겨나는 건 아니다. 제2차 세계대전 이후 모든 것이 파괴된 독일이 다시 선진국으로 발달한 모습을 상징하는 '라인강의 기적'이라는 말이 있다. 우리나라의 '한강의 기적' 역시 이 말에서 따온 것이다. 이 라인강은 한때 '유럽의 하수'라고 불릴 정도로 환경 오염이 심각했다. 경제가 발전하는 과정에서 나온 각종 산업 오·폐수 등을 무분별하게 강에 흘려보냈기 때문이다. 특히 1986년 라인강 상류에 있는 스위스 바젤에서 매우 심각한 화학 물

질을 유출하는 사고가 일어났는데, 라인강을 따라 이 화학 물질이 흐르며 중·하류 국가인 프랑스, 독일, 네덜란드의 토양과 지하수에 엄청난 피해를 주었다. 이런 일이 또 생기지 않도록 1989년 유해 폐기물이 국경을 이동하는 것을 규제하기 위한 '바젤협약'이 맺어졌지만, 국제 하천을 통한 환경 오염과 분쟁은 계속되고 있다.

2000년에는 라인강과 더불어 유럽의 대표적인 국제 하천인 다뉴브강에서도 최악의 환경 재해와 분쟁이 일어났다. 루마니아의 금광에서 맹독성 폐수가 유출되어 헝가리, 세르비아, 우크라이나 등을 흐르며 다뉴브강 유역의 환경을 크게 오염시킨 것이다. 하류 국가들은 폐수를 유출한 루마니아에 강력히 반발하면서 손해 배상을 청구하고 국제사법재판소에 제소하는 등 갈등을 겪었다. 이렇듯 국제 하천은 물 부족 말고도 환경 오염, 영토 분쟁, 어업 분쟁 등 다양한 모습으로 분쟁이 일어난다.

무기 없이 싸운다!

국제 무역 분쟁

나라를 망가뜨린 아편 무역

과거 우리나라는 마약으로부터 안전한 나라였지만, 현재는 마약 사건이 크게 늘고 있다. 몇 년 전까지만 하더라도 연예인들이 마약을 투약했다는 뉴스가 대부분이었다. 하지만 최근에는 일반인들이나 청소년들도 마약을 하는 사례가 늘어 큰 충격을 주고 있다. 마약은 환각성이 있고, 쉽게 중독 증상이 나타난다. 그래서 의료 분야에서 치료의 목적으로만 한정적으로 사용할 수 있다. 그 외의 경우는 마약이 주는 환각성을 즐기려고 투약하는데, 당연하게도 부작용이 심각하고, 일상생활이 망가지는데다가 중독에 빠져 쉽게 헤어 나올 수도 없다. 이 때문에 우리나라뿐만 아니라 세계 대부분의 나라가 마약을 법으로 금지한다.

그런데 이런 마약을 무역으로 거래하다가 전쟁까지 일어난 사건이 있다. 바로 19세기 중반에 일어난 청나라와 영국의 아편 전쟁이다.

아편은 마약류의 일종으로, 당시 사람들도 아편의 위험성을 충분히 알고 있었다. 이 위험한 아편이 어쩌다 무역의 큰 비중을 차지하게 된 걸까?

우선 19세기 영국과 청나라의 무역 상황을 살펴보자. 18, 19세기 영국은 강력한 해군을 내세워 전 세계 바다를 누비며 식민지를 세웠다. 그리고 식민지에서 여러 물자, 자원, 자본을 공급받아 막대한 부를 쌓았다. 또한 영국은 산업혁명을 일으켜 농업 사회를 벗어나 산업 사회를 가장 먼저 이루었다. 사람이나 동물이 아닌 기계의 힘으로 제품을 생산하게 된 것이다. 공장에서 다양한 제품을 대량으로 만들게 되면서 영국은 세계 무역을 이끌며 가장 부유한 국가가 되었다.

그러나 영국도 마음대로 하지 못한 곳이 있었는데 바로 청나라였다. 일찍이 프랑스의 나폴레옹은 청나라를 잠자는 사자에 비유했고, 영국뿐만 아니라 많은 유럽 국가들이 동양의 질서를 이끄는 청나라를 두려워했다. 청나라는 황제의 강력한 통치 아래 넓은 땅과 많은 노동력을 활용해 자신의 힘으로 충분히 모든 것을 싸게 생산해낼 수 있었다. 그래서 청나라는 유럽과의 무역에 큰 관심이 없었다. 영국은 청나라에 부탁해 청나라의 남동부 지역인 광저우에서만 겨우 미미한 수준으로 무역할 수 있었다.

그런데 전 세계 어디에서나 잘 팔렸던 영국의 면직물이 청나라에서는 팔리지 않았다. 영국 공장의 기계가 대량으로 만든 면직물보다 청나라 사람들이 손수 만드는 면직물이 더 쌌기 때문이다. 반면 청나라의 수출품인 차(茶), 비단, 도자기, 가구 등은 영국에는 없거나 품질이 매우 우수한 것들이었다. 결과적으로 청나라 물건들만 영국에서 날개 돋친 듯이 팔려 영국은 청나라와의 무역에서 손해만 보았다. 당시에는 은화로 거래했는데, 영국이 전 세계의 식민지와 세계 무역에서 벌어들인 은화가 모두 청나라로 들어가는 지경에 이르렀다.

영국은 청나라와의 무역에서 적자를 덜고 은화를 벌어들일 방법을 고민했다. 그 방법으로 선택한 것이 바로 아편이다. 당시 영국은 식민지였던 인도에서 아편을 대량으로 재배하고 있었다. 이 아편은 주로 마취제나 치료제로 쓰였는데 환각성과 중독성이 강해서 여러 단계를 거쳐 가루로 만들어 소량으로 사용해야 했다. 영국은 이 점을 이용하여 아편을 가루가 아닌 덩어리째로 청나라에 은밀히 유통시켰다. 결과적으로 영국의 작전은 성공했다.

마약인 아편이 몰래 들어오자 청나라의 관리, 농민, 노인, 어린이 등 수많은 사람들이 아편을 피웠다. 이들은 처음에 아편이 얼마나 중독성이 강한지, 인체에 해로운지를 잘 몰랐다. 또한 청나라는 오랜 기간 안정적으로 통치되어 평화로운 분위기가 만연했다. 관리들은 무기력하게 일하고 부정부패를 일삼았다. 이런 사회 분위기에서 몰래 들어온 아편을 고위직 관료나 부자부터 일반 백성들까지 엄청나게 소비하게 된 것이다.

유엔마약범죄사무소에 따르면 청나라에 들어온 아편의 양은 1775년까지 75톤이었는데 1839년에는 2,553톤까지 늘어났다. 백성들이 아편에 중독되자 청나라는 혼란에 빠졌다. 아편을 사느라 1800년~1839년까지 청나라의 은화 6억냥이 영국으로 흘러 들어갔

▲ 청나라인들이 모여서 아편을 피우는 모습

다. 비슷한 시기에 청이 차를 수출해 벌어들인 은화의 15배 정도 되는 양이다. 결국 영국은 청나라에 마약을 파는 극단적인 방법을 써서 무역 적자를 흑자로 바꾸는 데 성공했다.

더 이상 청나라도 아편 무역을 그대로 놔둘 수는 없었다. 아편 금지령을 내리고 관리를 보내 영국의 아편을 빼앗아 불에 태우거나 바다에 빠뜨렸다. 그러자 영국은 이것을 빌미로, 1840년 군대를 동원하여 청나라를 공격했다. 이것이 바로 아편 전쟁이다.

영국이 전쟁을 일으킨 명분은 청나라의 아편 무역 방해였지만, 진짜 목적은 무력으로 중국 시장을 차지하려는 것이었다. 즉, 아편 전쟁은 당시 동양 최강국과 서양 최강국 간의 무역 불균형에서 일어난 전쟁이다. 아편 전쟁은 2차 전쟁까지 이어졌고, 두 번 모두 청나라가 완패했다. 두 번의 패배로 청나라는 영국을 비롯한 유럽의 여러 나라들에게 경제적인 수탈을 당하게 되었다.

아편 전쟁으로 동아시아는 엄청난 변화를 겪어야 했다. 중국 중심의 질서가 무너지고, 서구 열강이 이끄는 산업화와 근대화가 시작됐다. 동아시아 국가들은 유럽 국가들과 강제로 무역을 하게 되면서 세계 경제 체제에 들어갔다.

아편 전쟁처럼 무역 갈등이 심해지면서 전쟁까지 일어나는 경우는 여러 차례 있었다. 그러나 제국주의 시대가 끝난 이후에는 무역 갈등으로 인한 무력 충돌이 줄어들었다. 하지만 세계화가 되며 전 세계에서 무역이 매우 활발해진 만큼 국가 간 무역 갈등은 더 많아지고 있다. 이 중에서 우리나라뿐만 아니라 전 세계에 부정적인 영향을 크게 미쳐 분쟁을 넘어 전쟁이라고까지 불리는 미국과 중국의 무역 전쟁, 우리나라와 일본의 무역 분쟁을 알아보자.

무역과 패권 다툼의 역사

무역은 영어로 trade, 한자로는 貿易인데 영어와 한자 모두 무엇인가를 바꾸는 것을 의미한다. 무역의 역사는 인류의 역사만큼이나 오래되었다고 할 수 있다. 우리나라의 경우, 우리나라 최초 국가인 고조선에서 중국이나 한반도의 국가와 무역을 했다는 기록이 남아 있다.
지금도 그렇지만 당시에도 각 국가가 가진 자원과 기술, 노동력이 다르고, 똑같은 제품이어도 국가마다 만드는 비용이 다르기 때문에 무역을 통해 서로 이익을 얻었다. 그래서 예로부터 무역을 활발하게 하는 국가가 국력을 키우고, 사람들의 생활 수준을 높일 수 있었다. 그리고 이를 바탕으로 그 지역에서 큰 영향력을 행사했다. 과거 중국의 한나라나 당나라, 로마 제국, 이슬람 제국이 좋은 예다.

15세기 유럽에서 콜럼버스를 시작으로 신항로를 개척한 이후에는 전 세계를 하나의 시장으로 삼아 유럽 국가들이 세계 무역을 주도했다. 결국 유럽 국가들끼리 세계의 패권을 다투게 되었다.

아메리카로 향하는 신항로를 개척한 스페인과 포르투갈이 아메리카 대륙을 양분하며 패권 다툼이 시작되었다. 17세기의 네덜란드는 동인도 회사를 설립하고, 인도네시아 일대의 무역을 독점하며 패권 국가가 되었다. 18세기의 영국은 인도와 중국 시장을 개척하고 노예 무역, 산업혁명을 통해 '해가 지지 않는 나라'로 불리며 강한 나라가 되었다. 그러나 20세기에는 제1, 2차 세계대전으로 유럽이 폐허가 되면서, 군수 물자와 농산물을 유럽에 수출하며 막대한 이익을 얻은 미국이 패권 국가가 되었다.

아편 대신 관세,
미국과 중국의 무역 전쟁

2024년 4월 미국 의회는 중국계 동영상 플랫폼인 틱톡의 미국 내 사업권을 강제 매각하는, 이른바 틱톡금지법을 통과시켰고 조 바이든 미국 대통령의 서명을 거쳐 발효되었다.

▲ 중국 기업이 만든 동영상 플랫폼, 틱톡

틱톡은 1분 내외의 짧은 동영상을 공유하는 앱으로 전 세계적인 인기를 얻고 있다. 그런 앱을 표현의 자유를 중시하는 미국이 막으려 한다는 것은 매우 이례적인 일이었다. 미국이 틱톡 사용을 막으려는 이유는 무엇일까? 그것은 바로 틱톡이 사용자의 개인 정보를 무분별하게 유출시킬 수 있다는 우려 때문이다. 틱톡의 모기업인 바이트댄스가 중국 공산당과 긴밀한 관계를 맺고 있다는 논란이 있어 이러한 우려가 지나친 것만은 아니다. 이러한 틱톡 사용에 대한 미국과 중국의 갈등은 앞으로 자세히 살펴볼 '미중 무역 전쟁'의 일부로 볼 수 있다.

앞서 아편 전쟁은 영국의 무역 적자가 원인이었고, 해결책이 아편이었다. 결과적으로 영국은 원하는 대로 중국과 자유 무역을 하게 되었다. 아편 전쟁이 끝난 지 약 150년 뒤, 중국은 또다시 무역 전쟁을 겪고 있다. 이번에도 중국의 무역 상대국이 무역 적자가 지속되자 불만을 터뜨린 것인데, 이번 나라는 미국이다.

2018년 미국은 중국과의 무역에서 적자를 줄이기 위해 수입하는 중국 상품의 관세를 크게 높였다. 관세란 외국 수출품이 국내로 들어올 때 부과되는 세금이다. 따라서 관세가 붙으면 국내로 들어오는 외국 상품의 가격이 더 비싸진다. 상대적으로 관세가 없는 국내 기업의 상품이 싸게 되어 가격 경쟁에서 우위를 차지할 수 있다. 즉, 미국은

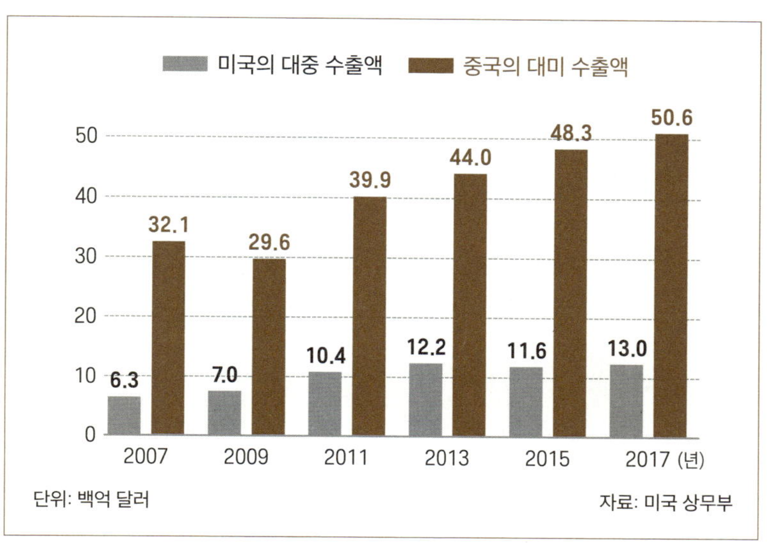

▲ 미중 교역 규모

관세를 붙여 중국산 제품의 시장 가격을 일부러 높게 만든 것이다. 그럼으로써 미국 소비자들이 중국산 제품보다 가격이 더 싼 미국 제품을 사게 해 무역 적자를 줄일 수 있다고 판단한 것이다.

하지만 중국의 반격도 만만치 않다. 아편 수출은 영국만이 할 수 있는 방법이었지만 관세는 미국만 사용할 수 있는 방법이 아니기 때문이다. 중국도 미국산 제품에 관세를 붙여 맞대응하고 있다. 과연 미중 무역 전쟁에서 승자는 누가 될까? 그리고 미중 무역 전쟁은 우리에게 어떤 영향을 미칠까?

미중 무역 전쟁의 직접적인 원인은 미국의 무역 적자가 매우 크다는 것이었다. 실제로 무역 전쟁 직전인 2017년에 미국의 대((對)중국 수입액은 약 5,000억 달러, 수출액은 1,300억 달러로, 수출액과 수입액의 차이인 무역 수지는 약 3,700억 달러 적자였다. 2000년에는 약 천억 달러 적자였는데 이에 비해 약 4배나 늘어난 것이다.

2018년 3월 미국은 무역 적자를 막기 위해 중국을 비롯한 여러 나라에 철강 25%, 알루미늄 10%의 관세를 부과했다. 나중에 여러 나라들에게는 관세를 면제해 주었기 때문에 사실상 중국을 겨냥한 조치였다. 2017년까지 미국이 중국에게 부과한 관세의 평균은 약 3%였으니, 중국의 충격이 컸으리라 충분히 짐작할 수 있다.

이후 중국은 4월에 미국에 대해 관세를 높였고, 7월에는 미국과 중국이 서로에게 관세를 높였다. 8월에도 미국과 중국이 또 서로 관세를 높였다. 9월에는 미국이 중국의 수출품에 추가 관세를 부과하고 2019년에는 관세를 더 높인다는 중국을 강하게 압박하는 계획을 발표했다. 그러자 중국도 이에 맞대응했다. 이렇게 2018년 한 해에만 여러 차례 관세를 서로 올리던 양국은 12월에 관세 인상을 당분간 멈추기로 합의했다. 그러나 2019년에도 양국은 관세 부과를 다시 시작하며 2018년보다 더 상황이 나빠지는 모습을 보였다.

지속적으로 관세를 올린 결과, 양국 간 평균 관세율은 약 20%까지 치솟았다. 그러다 10월에 양국은 고위급 무역 협상을 통해 합의점을 찾기 시작했다. 마침내 2020년 1월에 양국은 1단계 무역 합의문에 서명했다. 핵심 내용은 미국이 중국 수출품에 대한 관세를 일부 낮추는 대신 중국은 미국 농산물을 비롯한 미국 제품의 수입을 늘리는 것이었다. 결국 미국의 관세 인상으로 시작해 양국 간 관세 인상으로 지속된 무역 전쟁은 미국이 승리한 분위기로 일단 멈추었다.

미중 무역 전쟁의 진짜 이유

2018년부터 약 2년간 미국과 중국은 서로 높은 관세를 매기는 무역 전쟁을 해왔다. 지금은 1단계 무역 합의안에 따라 휴전 상태이긴 하나 1단계 무역 합의안을 얼마나 이행했는지, 그리고 2단계 무역 합의안을 만드는 과정에 따라 다시 무역 전쟁이 벌어질 수도 있다.

무역 전쟁에서 이긴 것처럼 보이는 미국은 어떤 이익을 얻었을까? 과거 아편 전쟁에서 승리한 영국처럼 엄청난 이익을 얻었을까? 결론부터 말하면 얻은 것이 없다. 우선 미국이 중국에게 날린 관세 폭탄은 중국뿐만 아니라 미국 시장에도 떨어졌다. 즉, 미국 소비자나 기업들은 그동안 저렴한 중국산 제품을 이용했는데, 관세 폭탄으로 중국산 제품 가격이 오르면서 가계나 기업 활동에 나쁜 영향을 끼친 것이다. 또한 중국의 보복 관세로 인해 미국 기업의 수출이 어려워져 미국 기업의 수익도 줄어들었다. 그리고 2022년 2월 미국의 한 연구소에서 1단계 무역 합의문에 대한 중국의 의무 사항 이행률이 57%에 불과하다는 보고서를 발표했다. 결국 미국은 무역 전쟁에서 승리했지만 가계 부담과 기업의 손해는 커졌고, 중국은 합의문의 내용을 제대로 이행하지 않은 것이다.

미중 무역 전쟁은 치킨 게임(chicken game)과도 같다는 것을 서로가 어느 정도 알고 있었을 것이다. 치킨 게임이란 이해 당사자 간의 과도한 경쟁으로 양쪽 모두 피해를 입는 극한 상황이 되는 것을 의미한다. 그럼에도 미국이 무역 전쟁을 시작한 이유는 무엇일까?

그것은 바로 무역 적자보다 중국이라는 국가를 더 큰 위협으로 느꼈기 때문이다.

20세기 이후 세계의 패권은 미국이 쥐고 있다. 그런데 중국이 엄청난 경제력과 기술력을 바탕으로 미국의 패권을 위협하고 있기 때문에 위기감을 느낀 미국이 무역 전쟁을 시작한 것이다. 미국은 그동안 우월한 경제력을 활용해 자신들을 위협하던 소련과 일본을 꺾고 세계의 패권을 잡았다. 그리고 이제는 중국을 쓰러트릴 차례가 되었다고 본 것이다.

한편 중국은 경제의 질적 성장을 목표로 2015년에 '중국제조 2025' 계획을 세워 첨단 기술 산업을 발전시키기 위해 노력하고 있다. 중국의 계획대로라면 첨단 기술 시장을 장악하여 미국을 제치고 1위 경제 국가가 되어 세계의 패권을 차지할 것이다. 첨단 기술 산업에서 보면 슈퍼컴퓨터 보유 대수, 특허출원 건수 등 중국이 이미 미국을 앞지른 분야도 많다.

미국은 무역 전쟁의 정당성과 명분을 얻기 위해 중국의 첨단 기술 산업에서 생기는 문제점들을 지적한다. 우선 미국은 중국 정부가 주도해 첨단 기술 산업을 불공정하고 불법적인 방법으로 성장시킨다고 주장한다.

2018년 미국 무역 대표부는 200여 쪽에 달하는 보고서를 통해 기술 이전과 지식 재산권 분야에서 중국이 저지른 부당한 무역 행위 등을 자세히 밝혔다. 보고서에 따르면 중국 정부는 외국인의 소유권을 제한해 미국 기업들이 중국과 합작 기업을 설립하거나 기술 이전을 약속할 수밖에 없는 불공정한 상황을 만들었다고 한다. 중국 기업들은 이를 이용해 미국 기업의 특허, 디자인, 기술, 상표를 도용하며 국가 간 무역 질서를 어지럽히고 있다는 것이다. 또한 산업 스파이, 해킹을 통해 미국 정부나 기업의 중요한 비밀 정보까지 빼돌리고 있음을 지적했다.

미국은 이런 상황이니 중국을 향한 관세 인상은 어쩔 수 없었다고 주장한다. '중국제조 2025' 계획의 주력 상품들인 전기 자동차, 반도체, 로봇 등 첨단 기술 제품에 높은 관세를 붙여 중국의 첨단 기술 산업 성장을 막겠다는 의도인 것이다.

또 미국은 앞서 본 틱톡 금지 사례처럼 중국 기업의 활동을 제재한다. 미국이 견제하는 대표적인 중국 기업이 '화웨이'다. 화웨이는 전자제품 및 통신장비 제조업체로 인공지능, 사물인터넷, 자율주행차, 5G 통신 기술 등이 뛰어난 기업이다. 미국은 2018년부터 화웨이의 기업 활동을 막고 있다. 미국은 화웨이가 중국군과 밀접한 관련이 있다고 규정해 국가 안보와 기업 보안을 이유로 화웨이의 장비와 제품을 사용할 수 없도록 하는 법안을 통과시켰다. 또한 유럽과 손잡고 세계 무역 시장에서 화웨이 제품이 거래되지 않게끔 하고 있다.

이렇게 미국과 중국은 무역뿐만 아니라 첨단 기술 산업에서도 양보할 수 없는 싸움을 벌이고 있다. 그러니 미중 무역 전쟁은 장기전이 될 것으로 보인다. 여러 국가들은 미중 무역 전쟁을 지켜보면서 자신의 나라에 유리한 길을 찾기 위해 노력 중이다.

그렇다면 우리나라는 미중 무역 전쟁에 어떻게 대응해야 할까? 미국과 중국이 무역 전쟁을 벌이자 세계 경제는 불확실성이 높아졌다. 우리나라처럼 경제에서 수출과 수입이 주요 부분을 차지하는 나라들은 이런 상황이 매우 불리할 수밖에 없다.

또한 중국과 미국은 우리나라의 1, 2위 교역 국가라는 점에서 더욱 위험한 상황이다. 따라서 '미국이냐, 중국이냐' 하는 식의 양자택일은 하지 않아야 한다. 우리나라는 6.25 전쟁 이후의 한미 동맹에 따라 외교, 국방, 안보 분야는 미국과 손을 잡았다. 한편 1992년 한중 수교 이후 양국 간 경제 교류가 활발해지며 우리에게 중국은 제1의 교역 국가가 되었다. 그래서 한때 안보는 미국, 경제는 중국이라는 말도 나왔다. 그러나 지금 미중 무역 전쟁의 상황에서 어떤 분야든 두 국가 중 한 국가에 지나치게 의존하는 것은 너무나 위험한 전략이다.

지금부터라도 미국과 중국을 상대로 하는 무역 비중을 낮추고 유럽, 일본, 인도, 동남아시아의 여러 국가들과 무역을 늘려 무역의 균형을 맞추는 것이 좋을 것이다. 한편 미국과 중국은 주변 나라들을 자기편으로 끌어들이려 할 것이므로 우리나라는 미국과 중국이 서로 끌어들이고 싶은 나라가 되도록 가치를 높여야 한다.

끝으로 우리 스스로 국제 사회에서 균형감 있는 역량을 키워 끝을 알 수 없는 불확실성과 위기를 견뎌 내야 한다. 주변 국가와 균형 있는 외교를 펼쳐 한반도의 평화와 안전을 지켜야 할 것이다. 그리고 우리나라의 핵심 산업이면서 미래 사회에 가장 필요한 첨단 기술 산업을 더욱 발전시킨다면 미중 무역 전쟁이라는 거대한 파도에 휩쓸리지 않고 오히려 도약의 기회가 될 수 있을 것이다.

한일 무역 분쟁,
위기를 기회로 삼다

2019년 7월 우리나라에서 일본 상품 불매 운동이 벌어졌다. ‘독립 운동은 못 했어도, 불매 운동은 한다’라는 말까지 나오기도 했다. 이로 인해 일본의 맥주, 자동차, 의류 회사 등의 상품 판매액이 급감했고, 우리나라에서 일본 여행을 가는 사람들도 크게 줄어들었다. 일본 상품의 불매 운동은 과거에도 역사 문제나 독도 문제 때문에 여러 차례 있었다. 그러나 2019년의 일본 상품 불매 운동은 많은 사람들이 훨씬 더 적극적으로 참여했고, 지속 기간도 길었다. 2019년에는 한국과 일본 사이에 무슨 일이 있었던 것일까?

2019년의 일본 상품 불매 운동은 일본이 일으킨 한일 무역 분쟁이 원인이었다. 2019년 7월 일본이 우리나라에 대해 반도체와 디스플레이 제품 제조에 필요한 핵심 소재 수출을 규제하겠다는 조치를 발표하며 한일 무역 분쟁이 시작된 것이다. 이어서 우리나라를 자국의 화이트리스트에서 제외하겠다고 했다. 화이트리스트란 일본이 무역을 할 때 우대 조치를 해주는 국가들의 목록이다. 즉, 일본은 우리나라에서 필요한 특정 품목들에 대해 일본 기업이 수출하는 것을 제한하거나 무역 절차를 까다롭게 하겠다

▲ 일본 상품 불매 운동 포스터

는 것이다.

　일본이 갑자기 이러한 결정을 내린 이유는 2018년 10월 우리나라 대법원이 내린 판결 때문이다. 일제 강점기에 강제 징용을 당한 피해자들이 일본 기업에 손해 배상 청구 소송을 했다. 우리나라 대법원은 일본 기업이 일제 강점기 때 강제 징용 피해자들에게 배상해야 한다고 결론지었다. 이에 일본은 개인의 손해 배상 청구는 1965년 한일 청구권 협정을 통해 해결된 문제이기 때문에 대법원의 판결을 인정할 수 없다고 반발했다. 그리고 판결에 대한 보복으로 우리나라의 주력 산업인 반도체, 디스플레이 산업에 타격을 주기 위해 무역 제재를 한 것이었다.

　한일 무역 분쟁이 시작되었을 때만 해도 우리나라 기업들은 반도체, 디스플레이를 만들 때 꼭 필요한 소재나 부품을 거의 일본에서 수입했다. 그래서 우리나라의 핵심 산업이 무너지는 것이 아닐까 하는 우려가 컸다.

　우리나라는 대처 방안을 마련하기 시작했다. 세계무역기구(WTO)에 일본의 수출 규제 조치를 불공정 무역 행위로 제소하기로 하고, 우리나라에서 소재와 부품을 생산하는 것을 지원하는 대책을 세웠다. 그리고 일본이 규제한 플루오린 폴리이미드, 포토레지스트, 에칭 가스를 미국이나 유럽 등 다양한 나라에서 수입하도록 했다. 또한 외국의 관련 소재 생산 기업을 불러들여 일본이 수출 규제한 소재나 부품을 국내에서 생산해 일본 제품을 쓰지 않아도 되도록 만들었다. 결과적으로 우리나라의 반도체나 디스플레이 생산은 일본의 수출 규제 조치에 큰 영향을 받지 않았다. 한일 무역 분쟁이 일어난 후에 소비, 부품, 장비의 일본 의존도를 낮추는 전략들이 성과를 내면서 위기를 극복한 것이다.

한편 자유 무역과 보호 무역의 관점에서 한일 무역 분쟁을 살펴볼 필요도 있다. 자유 무역은 정부의 간섭 없이 자유롭게 다른 나라와 상품이나 서비스를 거래하는 무역이다. 반면 보호 무역은 자기 나라의 산업을 보호하기 위해 외국 상품이나 서비스에 대해 관세를 부과하거나 수입량, 품질 등을 제한하는 등 무역 장벽을 두는 무역을 말한다.

사실 그동안은 우리나라의 소재, 부품 등의 품질이 일본에 비해 좋지 못했다. 자유 무역 체제에서 그냥 일본 제품을 수입해 쓰면 되니 우리나라의 소재와 부품 산업을 성장시키기 어려웠다. 하지만 일본이 스스로 소재와 부품 등을 수출하지 않아 우리나라는 소재와 부품을 개발할 수 있는 기회가 생겼다. 즉, 일본이 자유 무역 체제에서 누리던 소재와 부품 등의 우위를 스스로 포기하고 우리나라에게 보호 무역 상황을 만들어 주어 우리가 소재와 부품 등을 개발해낼 명분을 준 것이다.

또한 일본의 수출 규제는 일본 기업의 제품을 수출할 기회도 막아 버렸다. 일본 기업의 소재와 부품을 가장 많이 사는 나라가 우리나라였는데, 우리나라로 수출하지 못하게 되자 일본 기업은 제품을 팔 곳이 없어진 것이다. 상황이 이렇게 되자 몇몇 일본 기업은 일본 정부의 수출 규제를 피하기 위해 우리나라에 공장을 만들어 소재나 부품을 생산하거나 관련 산업에 투자하는 사태까지 벌어졌다.

이렇게 일본이 벌인 한일 무역 분쟁은 일본의 의도대로 되지 못한 채 결국 2023년 3월 양국의 정상회담을 통해 끝이 났다. 일본은 수출 규제를 해지하고 다시 화이트리스트로 우리나라를 지정할 것을 약속했다. 우리나라도 일본을 불공정 무역 행위로 제소하지 않기로 했다.

약 4년간 한일 무역 분쟁을 치르며 우리는 어떤 교훈을 얻었을까? 무엇보다 위기 상황을 헤쳐 나갈 가장 큰 동력은 우리 스스로의 힘이며, 따라서 우리의 힘을 키우는 것이 중요하다는 것을 배웠다. 또한 우리나라의 경제 구조를 더욱 튼튼히 하기 위해서는 특정 국가에만 치우치지 않고 여러 나라와 교류해야 한다는 걸 알게 되었다. 그리고 첨단 산업 분야에서 기술 혁신을 통해 다른 나라보다 우위에 있도록 노력해야 할 것이다.

앞으로도 이러한 무역 분쟁은 언제든 또 일어날 수 있으니, 국제 경제의 흐름을 항상 민감하게 지켜봐야 한다. 그리고 상대 국가의 예상치 못한 행동에도 감정적으로 대응하지 않으며 우리의 부족한 점을 개선하는 기회로 삼고, 장기적이며 지속적인 대응 방법을 고민해야 할 것이다.

'하나의 중국'을 위해
침묵을 강요받는 사람들

중국과 소수 민족의 분쟁

하나의 중국은 무엇일까?

2022년 8월 2일, 낸시 펠로시 미국 하원의장이 대만을 방문했다. 이에 K팝 가수 중 윈윈, 이런, 레이, 성소 등은 자신의 SNS에 중국 중앙방송사에서 만든 그림을 올리며 '오직 하나의 중국(只有一个中国)'이라는 해시태그를 달았다. 그림에는 중국 오성홍기의 별 다섯 개를 배경으로 중국(中国)이 크게 씌어 있고, 국(国)이라는 글자의 점을 대만 지도로 표현했다. 아래쪽에는 세계에는 하나의 중국만이 있다는 문장이 적혀 있다. 이들은 중국 국적의 K팝 가수로서 미국 정치인이 대만을 방문하는 것을 반대하는 의미로 게시물을 작성했다.

우리나라 사람들은 중국 연예인들이 자국 정부의 정치적 입장이 담긴 게시물을 각자의 SNS에 때맞춰 올리는 것을 굉장히 낯설고 신기하게 생각했다. 그러나 이번이 처음은 아니었다. 그간 여러 중국 연예인들은 '하나의 중국'이라는 원칙에 어긋나는 사건이 있을 때마다 중국 정부를 지지하는 게시물을 올렸다.

미국 정치인의 대만 방문은 중국인들에게 어떤 의미이기에 중국 연예인들이 SNS에 '하나의 중국'이라는 똑같은 게시물을 올린 것일까? 대체 '하나의 중국'은 무슨 의미일까?

우선 중국인들은 대만은 독립 국가가 아니라 중국에 속한 하나의 지역이라고 생각한다. 비록 현재는 정치 체제가 다르지만 언젠가는 공산화될 거라고 믿고 있다. 미국 정치인이 정치 목적으로 대만을 방문한다는 것은 대만을 독립 국가로 인정하는 처사이므로 중국인들로서는 용납할 수 없는 것이다. 그래서 중국인들이 주장하는 것이 '하나의 중국'이다.

'하나의 중국'이란 중국 대륙, 대만, 홍콩, 마카오 등은 다른 국가가 아닌 하나의 국가이며, 합법적인 중국 정부도 하나라는 원칙이다. 중국은 대내외적으로 자신들이 합법적인 정부이며, 대만은 중국의 일부임을 강조한다. 그래서 자국과 외교 관계를 맺기 위해서는 대만과의 외교 관계를 끊을 것을 요구했고, 대부분의 나라들이 이를 받아들였다. 국제연합(UN)에서도 1971년 중국을 단 하나의 합법 정부로 인정했고, 이에 따라 국제연합 창립 회원국이었던 대만은 회원국 지위를 자동으로 잃었다.

'하나의 중국'이라는 원칙은 대만뿐만 아니라 중국 내 소수 민족에게도 적용된다. 중국의 인구에서 한족(漢族)이 약 91%를 차지하며, 나머지 9%는 55개의 소수 민족으로 되어 있다. 9%는 높지 않은 비율이지만, 중국 총인구인 약 14억에서 9%라면 1억 명이 넘는 인구

▲ 1971년 국제연합(UN) 회의 결과에 희비가 엇갈린 중국 대표와 대만 대표

수다. 그래서 중국 정부는 소수 민족들이 정치적으로 분열되거나 독립하지 않게 만들고 하나의 중국이 되도록 많은 노력을 기울인다.

중국은 넓은 영토에 맞춰 한때는 5개의 시간대를 사용했다. 하지만 1949년 중화인민공화국이 세워지고 나서는 수도인 베이징을 기준으로 하나의 시간대를 사용한다. 베이징에서 서쪽으로 멀리 떨어진 신장 위구르의 우루무치는 베이징과 동일한 시간대를 사용하기 때문에 해가 아침 8~9시에 떠서 밤 9시~10시에 진다. 아침은 10시에 먹고, 점심은 3시, 저녁은 9시에 먹는다. 중국의 모든 지역에서 베이징의 시간대를 따르다 보니 일부 지역에서는 실제 생활과 시간대가 맞지 않아 큰 불편함이 있다. 하지만 중국 정부는 중앙과 지역 간의 일체성을 높여, 소수 민족의 분열 가능성을 조금이라도 줄이기 위해 하나의 시간대를 유지한다.

한편 중국 정부는 특정 소수 민족이 많아 한족과 동화(同化)되기 어려운 지역은 소수 민족의 특수성과 자율성을 인정해 해당 지역을 자치구나 자치주로 지정했다. 무리하게 한족과의 동화 정책을 펼쳐 소수 민족들에게서 반감을 사기보다는 하나의 중국이라는 큰 틀을 유지하되 부분적인 자치권을 인정해 주는 것이다.

소수 민족이 많은 지역은 대개 농촌으로 도시에 비해 생활 환경이 열악한 곳이 많았다. 이에 중국 정부는 재정 지원, 전력 공급, 상하수도 건설, 도로·철도 건설 등을 통해 소수 민족의 생활 환경을 개선시켜 주었다. 그리고 한때 한족에게 적용한 1가정 1자녀 정책도 소수 민족에게는 1가정 2자녀까지 허용했다. 대학 입학, 취업 등에서도 소수 민족을 우대했다. 이러한 정책들은 소수 민족들의 불만을 잠재우고, 분열을 방지하려는 수단이었다.

또한 한족과 소수 민족 모두 중국을 이루는 중화 민족임을 강조해 한족과 소수 민족 간의 일체감을 높이려 한다. 이것은 중국에서 열린 두 번의 올림픽만 보아도 잘 알 수 있다.

2008년 베이징 하계 올림픽의 마스코트 중 하나는 중국 티베트 지역의 영양과 소수 민족의 복식을 모티브로 만들었다. 올림픽 성화를 티베트에 있는 세계 최고봉 에베레스트 산에서 티베트인을 중심으로 봉송했다. 개회식에서 56개 소수 민족을 상징하는 어린이 56명이 각 민족의 전통 의상을 입고 노래를 부르며 중국 국기를 옮겼다. 2022년 베이징 동계 올림픽의 개회식에서도 이와 비슷한 장면을 연출했으며, 성화 봉송의 마지막 주자는 신장 위구르 지역의 위구르인이었다. 이렇듯 중국 정부는 한족과 소수 민족은 하나의 중화 민족임을 대내외적으로 나타냈다.

중화사상과 중화 민족

고대부터 중국은 중화사상을 바탕으로 자기 민족인 한족을 중심에 두고 주변의 여러 민족들과 관계를 맺어 왔다. 중화사상에는 한족이 가장 우수하고, 주변을 오랑캐라 부르며 낮추어 보는 자민족 중심주의가 깔려 있다.

1949년 공산당은 나라 안팎의 여러 어려움을 극복하고 지금의 중국을 만들었다. 이 과정에서 여러 소수 민족이 사는 지역들을 무력으로 정복해 합쳤기 때문에 한족과 소수 민족의 갈등은 끊이지 않았다. 중국 정부는 한족과 소수 민족을 모두 아울러 중화 민족이라고 강조한다. 과거의 중화사상이 한족과 주변 민족과의 관계라면, 최근의 중화사상은 중화 민족과 다른 국가와의 관계로 바뀌었다. 중화사상과 중화 민족이 새롭게 달라진 이유는 중국 내 정치를 안정시키고 소수 민족 문제를 해결하기 위해서다. 즉 하나의 중국을 위해 하나의 중화 민족이 필요한 것이다.

하지만 대부분의 소수 민족들과 달리, 신장 위구르 자치구와 티베트 자치구의 소수 민족들은 중국에서 분리해 독립하기를 요구하고 있다. 이에 중국은 국제 사회로부터 인권 탄압이라는 비판을 들으면서도 하나의 중국을 위해 이 지역의 독립 요구에 매우 강경하게 대응하고 있다. 그 이유를 살펴보자.

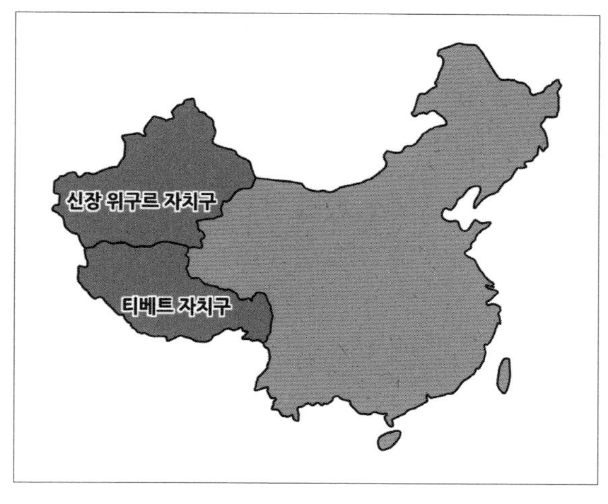

◀
신장 위구르 자치구
와 티베트 자치구의
위치

불타는 미국 신발과
신장 위구르의 독립 운동

2021년 3월, 한 중국인이 SNS에 전 세계적으로 유명한 미국 스포츠용품 회사인 나이키 신발을 여러 켤레 불태우는 영상을 올렸다. 이 영상은 많은 중국인들에게 매우 큰 호응을 얻었다. 어떤 중국인들은 나이키 매장 앞에서 항의 시위를 벌였고, 중국 연예인들 중에는 나이키와의 광고 계약을 스스로 해지하는 이도 있었다. 중국인들에게 나이키의 인기는 순식간에 사그라지고 불매 운동이 널리 퍼졌다. 왜 이런 일이 벌어졌을까?

이것은 나이키가 신장 위구르 지역에서 난 면화는 위구르인들의 강제 노동으로 만들어진 것이기 때문에 신장 위구르 면화를 사용하지 않겠다는 입장을 밝혔기 때문이다. 이에 중국인들은 신장 위구르인들은 강제 노동을 하지 않았으며, 그런 주장은 미국이 중국을 견제하기 위한 술수라고 비난했다. 미국뿐만 아니라 유럽에서도 신장 위구르 자치구의 인권 문제를 여러 차례 말했고, 이때마다 중국은 이를 부정했다. 그렇다면 신장 위구르는 어떤 지역인지, 어떤 일이 일어나고 있는지 알아보자.

신장(新疆)은 청나라가 '청나라의 새로운 영토'라는 뜻으로 만든 지역명이다. 이 지역은 예로부터 한족이 아닌 여러 유목민들이 활발히 활동했다. 위구르인들은 이 지역의 대표 민족이다. 18세기 중반 청나라가 이 지역을 지배하자 위구르인들은 청나라에 대항하며 여러 차례 독립운동을 했으나 실패했다.

그러다 마침내 1955년에는 중국의 자치구가 되었다. 신장 위구르 자치구의 면적은 약 160만km²로 중국 면적의 약 1/6 정도다. 매우 넓은 만큼 여러 나라들과 국경을 맞대고 있다. 신장 위구르 자치구는 러시아, 카자흐스탄, 키르기스스탄, 타지키스탄, 아프가니스탄, 파키스탄, 인도와 국경을 맞대고 나라 안으로는 티베트 자치구, 칭하이성, 간쑤성에 접해 있다. 사막과 초원이 대부분이고, 높은 산맥과 고원도 있다.

이곳의 대표 민족 위구르인들은 한족과는 외양, 언어, 종교, 문화 등이 매우 다르다. 이들은 튀르크계 유목 민족의 후예로, 한족보다는 중앙아시아인들과 비슷한 점이 훨씬 많다. 언어는 튀르크 어군의 위구르어이며, 위구르 문자를 사용하기도 했으나 현재는 아랍 문자를 사용한다. 이들은 10세기부터 이슬람교를 믿기 시작해 15세기부터는 대부분이 이슬람교를 믿으며 이슬람교의 율법을 따라 생활한다. 이처럼 위구르인들은 한족과 매우 달라 한족에 동화되지 못한 채 지속적으로 분리 독립을 원하고 있다.

신장 위구르의 독립운동은 이슬람 단체가 매우 격렬한 무장 투쟁으로 이끌고 있다. 규모가 컸던 무장 투쟁으로는 1990년대의 세 차례 큰 시위와 폭동 및 테러, 2008년 즈음의 베이징 올림픽 반대 시위와 테러, 2009년에 이 지역 중심 도시인 우루무치에서 일어난 대규모 독립운동이 있다. 이후에도 위구르인과 한족과 충돌해 양측 모두 죽거나 다치는 일이 셀 수 없이 많았다.

또한 위구르의 독립운동 단체는 중국 기관, 경찰뿐만 아니라 무고한 한족도 무차별적으로 폭행한다. 대표적인 사례로는 2014년 3월 중국 윈난성의 쿤밍시에 있는 쿤밍역에서 일어난 칼부림 테러가 있다. 위구르인 8명이 쿤밍역 안에 있던 시민들을 칼로 찌르거나 베어 30명 가까이 죽이고, 140명 넘게 다치게 했다. 같은 해 5월에는 우루무치시에서 위구르인들의 자살 폭탄 테러가 있었다. 위구르인 청년 네 명이 자동차 두 대에 나눠 타고 한족이 많이 가는 시장에 폭탄을 던졌다. 이 사건을 일으킨 청년 넷을 포함해 30명이 넘게 죽었고, 100명 가까이 다쳤다. 이처럼 지나치게 과격한 독립운동으로 국제사회로부터 독립운동의 정당성을 인정받지 못한 채 비난을 받고 있다. 하지만 이슬람 독립운동 단체는 개의치 않는 모습이어서 불안감은 더욱 커지고 있다.

중국 정부는 위구르인들이 벌이는 시위나 폭동 규모에 상관없이 바로 무력으로 진압해 사태를 빠르게 진정시키며 단호하게 대응해 왔다. 또한 신장 위구르의 독립운동을 주도하는 단체를 이슬람 극단주의로, 이들의 행동을 테러로 규정했다. 미국과 유럽에서 이슬람 문화권과의 갈등으로 나타나는 반(反)이슬람주의 분위기에 발맞추어 국제 사회에 자신들의 무력 진압이 정당하다는 것을 인정받기 위해서다.

또한 중국은 신장 위구르 자치구와 접한 국가들이 경제 개발을 하도록 엄청난 돈을 빌려 주거나 인프라와 에너지 개발에 투자하는 등 도움을 준다. 이를 통해 중국 정부는 위구르인과 민족이나 종교적으로 유사한 국가들이 신장 위구르 지역에서 일어나는 일들에 대해 항의하지 못하도록 입막음하고 있다.

2017년 즈음부터 중국은 신장 위구르 자치구에서 일어나는 테러 예방과 안전을 위한다는 이유로 위구르인을 더욱 감시하고 통제하고 있다. 신장의 위구르인들의 얼굴, 홍채, 음성, 혈액, 지문, 유전자 등 생체 정보를 수집하고, 거리에는 안면 인식이 가능한 CCTV를 설치해 대규모 감시 체제를 운영한다. 그리고 위구르인들에게 스마트폰에 징왕웨이스(淨網衛士)라는 앱을 설치하라고 명령했다. 이 앱을 통해 개인의 사진, 음성, 통화 이력, 파일 등을 수집하고 검열한다.

만일 중국 정부의 지시에 따르지 않는 위구르인이 있다면 강제로 구금하는 수용소를 운영한다. 2022년 유엔인권사무소에 따르면 중국 정부의 자의적인 판단으로 수많은 위구르인을 강제 구금하고 있다고 한다. 구금을 당하는 이유로는 이슬람 신앙을 나타낸 경우, 이슬람 경전인 쿠란을 스마트폰에 저장한 경우, 암호화된 앱을 설치한 경우, 사소한 일로 싸우거나 다툰 경우 등이었다. 그곳에 수용된 사람들은 폭력과 학대를 당하고, 강제 노동에 동원되는 등 인권이 처참하게 짓밟히는 것으로 드러났다. 이것은 중국 정부가 위구르인의 정체성을 없애고 독립운동을 막기 위한 조치임을 알 수 있다.

신장 위구르 지역이 중요한 지리적 이유

　2014년 중국은 '일대일로(一帶一路) 프로젝트'를 진행해 과거 실크로드의 영광을 되살리겠다는 포부를 밝혔다. 실크로드는 고대 중국에서 중앙아시아, 서남아시아를 거쳐 유럽까지 이어지는 고대의 동양과 서양을 잇는 육상 및 해상의 다양한 무역로를 뜻한다. 이 무역로를 통해 거래된 중국의 수출품 중 대표적인 것이 비단이어서 실크로드(비단길)라는 이름이 붙여졌다. 중국의 여러 왕조들은 실크로드를 통해 다른 지역과 비단뿐만 아니라 여러 물품을 교역했다. 그러면서 자연스럽게 정치, 종교, 문화까지 교류하게 되었다. 중화 문명도 실크로드를 통해 뻗어 나갔다.

　일대일로 프로젝트란 이름에서 '일대(一帶)'는 신장 위구르 지역을 지나 유럽까지 이어지는 경제 벨트, '일로(一路)'는 중국 남동부 지역

▲ 중국의 일대일로 프로젝트

에서 아프리카를 지나 유럽까지 이어지는 바닷길을 뜻한다. 따라서 일대일로 전략에서 중국과 세계를 잇는 첫 길목에 있는 신장 위구르 지역은 더욱 중요한 곳이 되었다.

신장 위구르는 이러한 국가 전략이 아니더라도 중국에게 매우 중요한 지역이다. 중국이 신장 위구르의 분리 독립을 막는 이유를 세 가지 측면에서 살펴보자.

첫째, 신장 위구르의 지정학적 가치가 크기 때문이다. 신장 위구르는 여러 나라와 국경을 맞대고 있으며, 초원과 사막을 통해 다른 나라로 이어진다. 최근에는 중국의 일대일로 정책에 따라 신장 위구르는 서쪽으로 뻗어 가는 전진 기지 역할을 한다. 따라서 이 지역을 안정시킨다면, 맞닿은 여러 국가들에 대한 정치적·경제적 영향력을 키울 수 있을 것이다.

둘째, 신장 위구르의 풍부한 자원 때문이다. 신장에서 생산되는 면화는 전 세계 생산량의 약 20%를 차지한다. 이곳은 건조한 기후에 높은 산에서 내려오는 풍부한 지하수로 인해 면화를 재배하기에 매우 적합하다. 또한 석유, 천연가스, 석탄 등 신장 위구르에서 나는 에너지 자원은 중국 전체 에너지 자원 생산량의 약 1/3을 차지한다. 또한 납, 아연, 우라늄, 금, 희토류 등 다양한 광물 자원이 대량으로 매장되어 있다.

셋째, 신장 위구르의 독립은 중국의 분열로 이어질 수 있기 때문이다. 중국은 다수의 한족과 55개의 소수 민족으로 이루어진 다민족 국가다. 지난 수천 년간 분열과 통합을 반복했던 중국은 소수 민족 문제에 매우 민감하다. 그래서 1990년대부터 한족과 소수 민족 모두 하나의 중화 민족이라며 중국인들의 일체감을 높이려 하고 있다. 하지만 한족과 차이가 큰 위구르인들은 중화 민족이라는 일체감을 느끼지 못한다. 게다가 이슬람 단체가 주도하는 과격한 무장 투쟁으로 독립을 요구하고 있다. 만약 위구르인들이 독립에 성공한다면 다른 소수 민족도 폭력적인 방식으로 독립운동을 펼칠 수 있다. 소수 민족의 인구가 1억이 넘고, 거주 면적이 중국 영토의 60%가 넘는 것을 생각하면 이것은 중국의 혼란과 분열을 의미한다. 따라서 중국 정부는 강경한 태도로 위구르인뿐만 아니라 다른 소수 민족의 독립 의지를 꺾으려는 것이다.

사라진 나라의 살아 있는 부처, 달라이 라마

　신장 위구르 지역만큼이나 분리 독립의 열망이 강한 지역이 있다. 바로 티베트다. 티베트라는 국가는 1951년에 중국에 합병되며 사라졌다. 하지만 티베트인들은 1959년 인도에 망명 정부를 세웠다. 이들의 지도자는 '살아 있는 부처'라고 불리는 달라이 라마다.

　달라이 라마는 티베트 불교의 최고 지도자를 일컫는 호칭이다. 달라이는 몽골어로 '바다', 라마는 산스크리트어로 '스승'으로, 넓은 바다와 같은 지혜를 지닌 스승을 뜻한다. 그는 한평생 티베트의 자유와 독립을 위해 평화적인 운동을 펼치고 있다. 게다가 인권, 환경 문제를 해결하려는 노력까지 높게 평가받아 1989년 노벨 평화상을 받았다. 한편 중국은 티베트 또한 하나의 중국임을 주장하며 티베트의 독립을 막기 위해 수단과 방법을 가리지 않고 있다. 이러한 갈등을 이해하기 위해 티베트에 대해 자세히 살펴보자.

　티베트 자치구는 히말라야산맥 북쪽의 티베트고원에 위치한다. 티베트고원은 신생대에 인도판과 유라시아판이 충돌하며 생성되었다. 평균 해발 고도가 약 5,000m나 되고, 에베레스트 산과 같이 8,000m 이상인 높은 봉우리들이 즐비하여 세계의 지붕이라고도 불린다. 티베트고원의 면적은 약 250만km²로, 중국 면적의 약 1/4에 달한다. 높은 해발 고도로 인해 여름은 서늘하고, 겨울은 추워 툰드라 기후가 주로 나타난다. 또한 기압이 낮고, 산소가 부족해 원주민이 아닌 경우 두통, 피로, 메스꺼움 같은 고산(高山) 증세가 나타나기도 한다.

티베트인들은 원나라의 지배를 받은 약 100년 정도를 제외하면 독자적인 문화를 유지하며 살았다. 하지만 18세기 초부터는 청나라의 지배를 받았다. 청나라는 티베트 정치에 개입하지 않았고, 청나라 황제가 티베트 불교를 믿으며 티베트 불교는 청나라 전체로 전파되었다. 1912년 청나라가 멸망한 후 티베트는 독립을 선언했다. 당시 중국은 공산당과 국민당의 내전을 겪고 있었다. 게다가 중일 전쟁 등으로 정치적인 혼란에 빠져 티베트의 독립을 막지 못했다. 그러나 공산당이 국민당과의 전쟁에서 승리하고 중화인민공화국을 세운 후 1951년에 티베트를 무력으로 정복하였다. 그리고 1965년 티베트를 시짱(西藏) 자치구로 삼았다.

▲ 달라이 라마　　©christopher
출처 위키미디어 커머스
Flickr: dalailama1_20121014_4639

티베트의 독립운동과 지리적 가치

티베트인들은 중국에 정복된 이후에 끊임없이 독립운동을 펼치고

1959년 라싸에서 일어난
시위
출처 AP 통신
https://www.theguardian.com/
world/gallery/2009/mar/09/
tibet-dalailama

있다. 특히, 1959년 티베트인들은 중국의 강압적인 통치에 항거하며 독립을 요구하는 대규모 시위를 벌였다. 중국은 이들의 시위를 강력하게 진압했고, 이 과정에서 많은 티베트인들이 죽거나 다쳤다. 결국 달라이 라마는 중국 정부의 무자비한 폭력을 피해 티베트를 떠나 인도의 다람살라에 망명 정부를 세웠다.

1959년 이후 중국의 티베트 탄압은 더욱 심해졌다. 티베트인들의 종교 활동을 막고, 수많은 티베트 불교 사원을 부수는 등 티베트 문화를 없애려 했다. 이 과정에서 많은 티베트인들이 체포되거나 살해되었다. 1987년, 1989년에는 티베트의 중심 도시인 라싸에서 독립을 요구하는 대규모 시위가 있었지만 중국 정부는 무력으로 이를 진압했다.

2008년 베이징 올림픽을 앞두고, 라싸를 비롯한 세계 곳곳에서 티베트 인권 탄압을 이유로 베이징 올림픽에 반대하는 크고 작은 시위가 일어났다. 또한 2009년부터는 대규모 시위보다는 개인의 분신(焚身) 투쟁이 나타났다. 2022년까지 승려, 가수, 청소년, 노인 등 150명이 넘는 사람이 분신 투쟁을 이어가고 있다. 티베트인들은 이러한 분신 투쟁을 티베트 불교의 가르침에 따라 타인에 대한 비폭력을 실천하면서도 티베트인의 저항 의지를 가장 강하게 드러낼 수 있는 수단이라고 생각한다.

한편 중국은 18세기 이후 청나라가 티베트를 지배했던 것을 근거 삼아 티베트가 중국 땅이라고 주장한다. 그리고 현재 중국 땅에 살고 있는 소수 민족의 역사는 모두 중국의 역사이므로 티베트인을 포함한 여러 소수 민족들도 한족과 함께 중화 민족이 되어야 한다고 강조한다. 이러한 생각은 중국의 상업 영화들에서도 쉽게 볼 수 있다. 티베트에 있는 에베레스트산을 등정한 실화를 바탕으로 만든 영화 '에베레스트(2019년 개봉)'가 대표적이다. 영화에서 에베레스트 등반대장이 "사는 곳도 민족도 다르지만, 산을 오르는 목표는 같다"는 대사를 말하고, 형제라는 말도 자주 나온다. 또한 한족 남자와 티베트족 여인의 사랑도 넣어 하나의 중국, 하나의 중화 민족이라는 메시지를 넣었다.

이처럼 중국이 다소 억지스러운 역사관과 중화 민족을 내세우고, 티베트의 분리 독립을 강압적으로 대처하며 막는 이유를 세 가지 꼽을 수 있다.

첫째, 티베트의 지정학적 가치 때문이다. 티베트고원은 매우 넓고 인도, 네팔, 부탄, 미얀마와 국경을 맞대고 있어 외부에서 중국 내부 지역을 보호하는 역할을 한다. 만약 티베트가 독립한다면 망명 정부

▲
티베트고원에서
발원하는
주요 하천

를 세우게끔 도와준 인도나 중국을 견제하는 미국과 손잡을 것이다. 이렇게 되면 중국은 안보에 큰 위기를 맞게 된다. 인도나 미국이 티베트고원을 중국을 내려다보는 감시탑으로 활용할 수 있기 때문이다.

둘째, 티베트가 지닌 경제적 가치 때문이다. 티베트는 물, 광물, 에너지 자원이 풍부하여 중국 경제 발전의 동력이 된다. 티베트고원은 여러 하천의 발원지다. 중국을 동서로 크게 가로지르는 황허강과 창장강이 티베트고원에서 시작된다. 그뿐만이 아니다. 게다가 미얀마, 라오스, 타이, 캄보디아, 베트남을 흐르는 국제 하천인 메콩강 등 많은 하천이 티베트고원에서 시작된다. 티베트는 물 자원의 보고(寶庫)라고 할 수 있다. 티베트가 독립하면 이 하천들의 상류 지역을 차지하니 중국은 물 자원을 활용하기가 어려워질 것이다. 티베트 지역은 광물 자원, 에너지 자원도 풍부하다. 현재 중국은 티베트에서 석탄, 구리, 금, 리튬, 우라늄, 희토류 등을 적극적으로 캐내고 있다. 또한 기후와 지형 특징, 낮은 인구 밀도로 인해 태양광·태양열, 지열, 풍력을 통한 전력 생산에도 매우 유리하다.

셋째, 신장 위구르인의 독립과 마찬가지로 티베트가 독립한다면 여러 소수 민족의 분리 독립 운동에 영향을 미치기 때문이다. 높은 산지와 고원으로 이루어진 험준한 자연 환경으로 인해 티베트인들은 오랜 세월 동안 자신만의 정체성을 유지해 왔다. 또 티베트 불교와 달라이 라마가 있어 민족의 결속력이 매우 강하다. 또한 티베트 자치구의 티베트인 비율이 90%가 넘어 한족과 교류 자체가 적은 편이다. 최근 고속철도가 개통되어 한족들이 이주해 오고 있지만 아직 한족은 이 지역에서 큰 영향을 미치지 못하고 있다. 이처럼 티베트 지역은 분리 독립의 가능성이 매우 높고, 이 지역이 독립하면 다른 소수 민족도 분리 독립의 움직임이 거세질 것이므로 중국 정부는 이곳을 항상 주시하고 있다.

신장 위구르와 티베트의 미래는 하나의 중국일까?

지금까지 하나의 중국에 맞서는 신장 위구르와 티베트에 대해 살펴보았다. 두 지역 모두 지정학적, 경제적 가치가 높아 중국이 절대 놓칠 수 없는 지역이다. 두 지역을 분리 독립시킨다면 중국 전체가 분열될 수도 있다. 중국은 과거 소련의 몰락을 옆에서 지켜봤기 때문에 이를 가장 잘 알고 있다.

현재의 국제 상황은 중국에게 유리하다. 중국은 미국과 패권 다툼을 할 정도로 강한 나라가 되었다. 중국보다 약한 나라가 중국의 소수 민족을 지지하기란 쉽지 않다. 또한 중국은 하나의 중국에 반대하는 국가에 대해서는 외교적, 경제적인 보복을 하고 있다. 신장 위구르와 티베트의 국제 사회를 향한 호소가 큰 효과를 보지 못하는 이유이기도 하다. 어쩌면 하나의 중국을 위해 침묵을 강요받는 지역은 티베트와 신장 위구르뿐만 아니라, 세계 모든 나라일지도 모른다.

따라서 신장 위구르와 티베트의 미래는 그들이 꿈꾸는 것이 아니라 중국이 꿈꾸는 것에 가까울 것이다. 하지만 신장 위구르와 티베트는 하나의 중국이라는 구호 아래 침묵하지만은 않을 것이다. 그들에게는 독립이나 자치라는 먼 미래도 중요하겠지만 평화롭고 안정된 일상과 빼앗긴 인권을 회복하는 것도 지금 당장 중요하기 때문이다.

천연자원은 어쩌다 축복이 아닌 저주의 산물이 되었나?

콩고 민주 공화국의 자원 분쟁

우리가 쓰는 스마트폰이
콩고 민주 공화국의 분쟁과 관련 있다고?

콩고 민주 공화국은 분쟁이 많은 국가로 알려져 있다. 하지만 분쟁이 있어도 우리나라 뉴스나 신문에서 비중 있게 보도되지 않는다. 그렇다 보니 우리와 관련 없는 이야기라고 생각하기 쉽다. 하지만 콩고 민주 공화국의 분쟁은 우리 생활과 밀접한 관련이 있다. 우리가 매일 사용하는 스마트폰, 노트북 등에 들어가는 핵심 광물들이 주로 아프리카의 분쟁 지역에서 채굴되고 있기 때문이다. 이 글을 읽는 여러분은 이제부터라도 지금 쓰는 스마트폰, 노트북의 재료가 어디서 구해지고, 어떻게 만들어지고 있는지 알아야 한다. 왜냐하면 여러분이 스마트폰을 바꿀 때마다 지불한 돈이 아프리카 분쟁의 군자금이 될 수 있기 때문이다.

콩고 민주 공화국에서 생산되는 다양한 광물들은 첨단 기기를 만

우리가 매일 사용하는
스마트폰

드는 필수 자원으로 쓰인다. 그중 콩고 민주 공화국의 동부 지방에는 스마트폰과 노트북에 반드시 필요한 광물인 콜탄이 매장되어 있다. 전 세계 콜탄의 80%가 콩고 민주 공화국에 매장되어 있으며, 세계 생산량의 67%를 이곳에서 채굴한다(2017년 기준).

콜탄은 콜럼븀(columbium)과 탄탈륨(tantalum)의 앞 글자를 합친 용어로, 이 금속을 정제하면 탄탈륨이라는 희토류(희귀한 토양이라는 뜻)를 만들 수 있다. 탄탈륨은 잘 부식되지 않고 높은 온도에도 잘 견디기 때문에 휴대전화나 노트북 등의 전자 회로에 많이 쓰인다. 또한 인간의 몸에 사용했을 때도 부작용이 거의 없어 치아 임플란트용 나사 등 의료 기기를 만드는 데도 쓰인다.

이러한 이유로 옛날에는 그저 돌덩이 취급을 하던 '콜탄'이 지금은 1kg에 수십만 원을 부를 만큼 가격이 올랐다. 그런데 문제가 생겼다. 콩고 민주 공화국은 지금 내전을 치르는 중인데 반정부군이 무력으로 콜탄 광산을 차지한 것이다. 그리고 광산에 매장된 콜탄을 채취하기 위해 이 지역 주민들을 강제 동원하고 노동력을 착취하기 시작했다.

고릴라가 스마트폰을 싫어하는 까닭

콩고 민주 공화국의 동부와 르완다에는 콜탄이 풍부하게 묻혀 있다. 문제는 콩고 민주 공화국의 동부 지역이 로랜드고릴라의 주요 서식지라는 것이다. 로랜드고릴라들은 반정부군들이 콜탄을 채굴하는 과정에서 열대림을 파괴하고 수질을 오염시켜 멸종 위기에 처했다. 우리가 사용하는 스마트폰이나 전자 기기로 인해 이 지역의 고릴라들이 생존의 위협을 겪는 것이다.

또한 반정부군은 콜탄을 채굴하려고 세계에서 유명한 원시림 중 하나이자 세계 자연 유산인 '카후지-비에가 국립 공원'도 훼손하고 말았다. 그로 인해 이곳에 사는 고릴라들까지 죽어가고 있다. 검은 돌 '콜탄'을 찾으려는 인간의 탐욕이 낳은 비극이다. 지금도 이들은 콜탄을 캐기 위해 고릴라들이 살던 숲에 불을 질러 재투성이로 만들고 이들의 터전을 파괴하고 있다.

▶ 카후지-비에가
국립 공원
출처 위키미디어 커머스

멸종 위기인
로랜드 고릴라

반정부군은 주민들을 강제 동원해서 얻은 콜탄을 주변 국가인 르완다와 부룬디의 암시장에 팔았다. 암시장은 불법적인 거래가 이루어지는 시장이다. 이렇게 챙긴 이익은 반정부군의 전투 무기를 사는 데 쓰일 뿐 주민들에겐 거의 돌아가지 않았다. 자원으로 얻은 이익이 학교, 병원, 도로 같은 국가 발전에 쓰이기보다 정부군과 반정부군이 치르는 내전을 위해 쓰이게 된 것이다.

이렇게 해서 '콜탄 채굴→밀반출→무기 구입→내전 격화→콜탄 채굴'의 악순환을 벗어나지 못하고 있다. 분쟁 지역에서 난 콜탄으로 만든 스마트폰이 '피 묻은 스마트폰'으로 불리는 이유다.

이러한 문제를 뿌리 뽑기 위해 국제 사회는 반군 단체나 군벌들이 생산하는 광물을 규제하고 있다. 미국에서는 2010년 금융규제 개혁 법안을 통과시켰다. 이 법에 따라 아프리카 10개국의 분쟁 지역에서 생산되는 콜탄을 비롯한 금, 텅스텐, 주석 등을 '분쟁 광물(conflict

◀
중앙아프리카에서
분쟁을 겪고 있는
콩고 민주 공화국과
주변 9개국

minerals)'로 지정했다. 기업은 분쟁 광물을 사용할 경우 강력한 규제(최대 주식 시장 퇴출)를 받을 수 있다. 그리고 분쟁 광물을 사용하는 상황을 기업 홈페이지에 투명하게 게시하고, 이를 미국 증권거래위원회에 보고하도록 했다.

또한 유럽연합(EU) 의회는 2014년 분쟁 지역에서 생산되는 주석, 탄탈륨, 텅스텐, 금 등을 수입할 때 수입자 자체 인증을 통해 수입되는 광물이 분쟁 광물이 아님을 증명해야 하는 '분쟁 광물·금속 규제법안'을 발표했다. 이를 통해 유럽에서 분쟁 광물을 수입하는 것을 강하게 규제하고 있다.

한편 국제 사회는 분쟁 지역 밖에서 생산된 광물일지라도 아동 학대, 강제 노동 같은 인권 문제와 환경 문제를 일으키는 광물도 규제하기 위해 '책임 광물(responsible minerals)'이라는 용어를 도입하였다. 광물의 종류도 코발트를 포함하여 알루미늄, 구리, 다이아몬드 등으로 넓혀 비윤리적으로 생산되는 광물을 더 제재하는 방향으로 나아가고 있다.

천연자원의 저주,
증오와 반목의 땅으로 변한 콩고 민주 공화국

콩고 민주 공화국은 '화학 주기율표에 나오는 모든 원소를 찾아볼 수 있는 국가'로 불릴 만큼 광물 자원이 풍부하다. 모두가 값비싼 광물 자원이 많이 있으면 부자 나라가 되어 평화롭게 살 것이라고 예상했다. 하지만 콩고 민주 공화국은 분쟁과 빈곤이 끊이지 않는다. 왜 그럴까? 그 이유는 바로 '천연자원의 저주(Curse of natural resources)' 때문이다.

천연자원의 저주는 천연자원이 풍부한 나라일수록 경제 성장이 둔해지는 현상을 말한다. 콩고 민주 공화국에서는 어떻게 해서 천연자원의 저주가 나타나게 된 것일까? 가장 큰 이유는 바로 '자원의 편재성'에 있다.

자원의 편재성이란 자원이 고르게 분포되어 있지 않고 한 지역에 치우쳐 있다는 뜻이다. 그렇다 보니 사람들이 자원이 있는 지역을 서

▲ 콩고 민주 공화국의 아이들은 광물 채취에 동원되거나(왼), 소년병이 되기도 한다.(오)
(왼)ⓒJulien Harneis 출처 위키미디어 커머스 (오)ⓒMONUSCO Photos 출처 위키미디어 커머스

로 차지하려고 들어 갈등이 생긴다. 갈등이 심해져 내전이 일어나면 서로 자원 매장지를 차지하기 위해 무기가 필요해진다. 무기를 구매하기 위해 그 지역에 있는 자원을 팔아 군자금을 마련하게 되는 것이다. 그러니 자원이 있어도 엄청난 부를 누리기는커녕 사람들은 점점 빈곤해진다. 그뿐만 아니다. 콩고 민주 공화국에서는 광물 자원을 차지하기 위한 내전으로 최근 10년간 6백만여 명이 학살되었다.

한편 천연자원에만 의존하는 정부는 의료 시설, 교육 시설과 같은 사회적 인프라를 마련하지 않는다. 사회적 인프라를 만들려면 비용이 많이 드는데, 돈벌이는 되지 않기 때문이다. 자원으로 얻은 이익을 국민을 위한 시설에 투자하지 않고, 극히 일부 계층만 독점하면서 빈부 격차도 심해진다. 다시 말해 정부나 소수 계층만 부자가 되고 대다수 국민들은 혜택을 받지 못해 가난해지는 것이다.

이러한 이유들로 인해 콩고 민주 공화국은 경제 성장률이 낮고 1인당 GDP는 세계 114위 수준(2018년 기준)이다. 콩고 민주 공화국의 빈곤을 해결하려면 꼭 풀어야 할 문제 중 하나가 바로 교육 문제다. 내전이 심해지면서 아이들은 끌려가 소년병이 되거나, 광물 자원을 채취하는 일을 강제로 하게 된다. 학교에 다녀야 할 어린아이들이 소년병이 되는 것은 끔찍한 일이다. 이들은 전투병뿐만 아니라 정찰병, 조리병, 짐꾼, 간첩 등이 된다. 전쟁에 끌려간 소년들은 살인에 대한 죄책감을 술과 마약 등으로 풀기도 한다. 소년병이 되거나 자원을 채취하는 일을 하는 아이들은 적절한 교육을 받을 수 없다. 어른이 되어서도 사회에 적응하지 못해 빈곤의 악순환이 반복되는 것이다.

유럽의 제국주의가 뿌린 분쟁의 씨앗들

자원의 저주는 콩고 민주 공화국만의 일이 아니다. 대부분의 아프리카 국가들은 다른 대륙 국가들에 비해 자원으로 인한 분쟁 피해가 심각하다. 왜 그럴까? 아프리카인들은 미개하고, 욕심이 많아서 그럴까? 그렇지 않다. 사실 이 분쟁은 과거 유럽의 국가들이 아프리카를 식민 지배하면서 만든 사회 구조 때문에 불거졌다.

19세기 유럽의 제국주의 국가들은 산업혁명을 이루며 만든 총과 대포 그리고 함대 등을 앞세워 식민지 쟁탈전을 벌였다. 특히 아프리카의 경우 '아프리카를 차지하기 위한 경주'로 비유될 정도로 서로 식민지로 삼으려 했다.

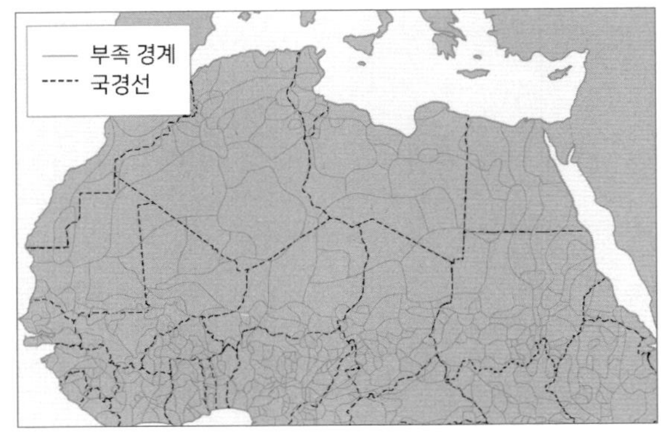

◀ 아프리카 부족 경계와
분할된 국경선
출처 티처빌

식민지 쟁탈전이 너무 치열해지자 유럽의 열강들은 이를 중재하기 위해 1894년 베를린에 모였다. 이른바 '베를린 회담'이라 불리는 회담을 열고 아프리카 식민지를 나누어 갖는 것에 대해 협의했다. 이들은 아프리카 대륙을 자신들의 이해관계에 따라 케이크를 자르듯이 나누어 식민지를 정했다. 그곳에 사는 종족이나 언어, 문화, 정치적 성향은 전혀 고려되지 않았다. 자로 잰 듯 반듯하게 그어진 국경선들은 같은 종족을 다른 나라로 갈라놓거나 서로 다른 말과 문화를 가진 사람들을 한 나라로 묶어 놓았다.

이렇게 그어진 국경선은 아프리카에 끊임없는 분쟁을 일으키는 씨앗이 되었다. 식민지에서 벗어나 독립을 이룬 오늘날까지도 아프리카 국가들의 사회 불안 요인이 되고 있다.

중앙아프리카의 콩고 민주 공화국, 르완다, 부룬디 등을 지배한 벨기에는 식민지를 효과적으로 통치하기 위해 아프리카 부족 간에 차별을 하는 정책을 펼쳤다. 대표적으로 소수의 투치족이 다수의 후투족을 지배하는 정책을 펼쳐 투치족과 후투족이 통합되는 것을 막았다. 특히 벨기에는 주민등록증에 출신 부족을 나타내 투치족을 우대하는 정책을 써서 이들을 분열시켰다. 이로 인해 벨기에에서 독립한 후에도 르완다와 부룬디에서는 서로 다른 문화를 가진 후투족과 투치족이 부딪치며 살게 되었다.

르완다와 부룬디의 내전은 콩고 민주 공화국에도 큰 영향을 미쳤다. 르완다와 부룬디에서 투치족과 후투족의 내전이 있을 때마다 각각 같은 민족이 있는 콩고 민주 공화국을 피난처로 삼아 몰려갔다. 그리고 콩고 민주 공화국을 게릴라전의 거점으로 삼아 군사 활동을 했다. 결국 후투족과 투치족의 분쟁이 콩고 민주 공화국으로 옮겨졌다.

내 이름은 욤비

콩고 민주 공화국에서 정치적인 박해를 피해 우리나라에 난민으로 온 인물이 있다. 바로 토나 욤비이다. 그는 최근 TV 프로그램에서 자주 나오는 조나단 욤비의 아버지다. 토나 욤비는『내 이름은 욤비』라는 저서에서 콩고 민주 공화국의 수도인 키토나 부족의 왕자라고 자신을 소개했다. (토나라는 이름도 콩고 민주 공화국의 수도인 키토나를 의미한다고 한다.) 토나 욤비와 가족들이 한국에서 난민으로 살아가는 이야기를 알고 싶다면『내 이름은 욤비』책을 읽어 보길 추천한다.

이 가족들이 정치적인 박해를 당한 이유도 콩고 민주 공화국의 분쟁 역사와 관련 있다. 앞서 이야기했듯이 르완다와 부룬디에서 후투족과 투치족의 분쟁이 생길 때마다 각 부족의 난민들은 콩고 민주 공화국에 후투족과 투치족이 살고 있는 곳으로 피난을 갔다. 이러한 상황에서 당시 내전 중인 자이르(1971년부터 1997년까지 콩고 민주 공화국의 과거 국호)의 독재자 모부투 대통령은 후투족과 친하게 지내고 투치족을 탄압했다. 이에 불만을 느낀 투치족은 콩고 민주 공화국의 반(反) 정부군인 카빌라를 지원했다. 결국 반정부군이 내전에서 승리했고 모부투 대통령은 물러났다.

투치족은 정권을 잡은 카빌라가 후투족 게릴라 거점인 후투족 난민촌을 없애기를 기대했다. 그러나 카빌라가 난민촌을 그대로 두고 오히려 투치족의 군대를 철수하라고 요구하면서 투치족의 불만이 커졌다. 카빌라에 배신감을 느낀 투치족은 카빌라 정부를 공격했고, 콩고 민주 공화국은 다시 한 번 내전에 휩싸였다. 게다가 이번에는 콩고 민주 공화국을 지지하는 국가인 짐바브웨, 앙골라, 나미비아, 차드와 투치족을 후원하는 국가인 르완다, 부룬디, 앙골라가 참전하면서 국제전의 양상을 띠게 되었다.

이러한 분쟁들이 국제전의 양상이 된 건 광물 자원을 둘러싼 이권 다툼 때문이다. 벨기에와 영국, 미국 등 다국적 기업은 콩고 민주 공화국에서 나는 풍부한 광물 자원을 사들이려 하는데, 분쟁 광물이라 직접 사올 수는 없다. 하여 콩고 민주 공화국의 정치 세력들은 주변 국가를 거쳐 다국적 기업에게 자원을 판매하려 한다. 정부군과 반군이 서로 경쟁적으로 자원을 팔기 위해 광물 자원을 확보하려고 더욱 심한 전투를 벌이면서 내전이 심해지는 것이다.

자원의 저주에서
빠져나올 방법은 없을까?

어떻게 하면 콩고 민주 공화국에 분쟁과 자원의 저주가 사라질 수 있을까? 식민 지배를 받은 모든 아프리카의 국가들은 결국 분쟁과 자원의 저주에 빠지는 걸까?

그러나 언제나 예외는 있다. 아프리카에서 나타나는 '자원의 저주'를 '축복'으로 바꾼 나라가 있다. 바로 '보츠와나'이다. 보츠와나는 '츠와나족의 땅'이라는 뜻을 가진 국가로, 영국에게서 독립할 당시 세계 최빈국 중 하나였다. 식민 지배를 당한 여파와 사막 지대라는 악조건으로 보츠와나의 미래는 암담해 보였다. 하지만 보츠와나는 독립하고 약 6개월 뒤 사막 아래에서 다이아몬드 광산을 발견했다.

보츠와나는 자원의 저주에 빠진 다른 아프리카 국가와 같은 과오를 범하지 않으려 했다. 민주주의를 바탕으로 반부패 정책을 펼치며 국민 복지에 힘썼고 다이아몬드로 얻은 수익을 모든 국민에게 골고루 나눌 수 있도록 노력했다.

또한 보츠와나는 다이아몬드를 수출해서 막대한 달러화가 들어오게 되면 자국의 환율과 물가에 부작용이 일어나게 될 것도 미리 염두에 두고 대책을 펼쳤다. 해당 수익을 기반으로 대규모 기금을 조성해 달러화로 인한 자국 화폐 가치의 상승을 늦춘 것이다. 그리고 국부펀드를 운용해서 얻은 수익을 교육과 연구개발, 보건위생, 사회간접자본(SOC)을 늘리는 데 사용했다.

이렇게 자본을 재투자해서 보츠와나는 계속해서 경제가 성장하고 있다. 이제 보츠나와는 '자원의 축복', '아프리카의 모범'으로 불린다. 보츠와나의 사례가 콩고 민주 공화국을 자원의 저주에서 벗어나게 할 단서가 되지 않을까?

한편 우리나라는 값비싼 천연자원 매장량은 적지만, 첨단 기술력과 고급 노동력을 바탕으로 한강의 기적이라고 불리는 경제 발전을 이뤄냈다. 이에 반해 북한은 우리나라에 비해 막대한 양의 자원이 매장되어 있지만 이를 효율적으로 활용하지 못하고 있다. 북한은 천연자원으로 번 돈을 핵실험, 미사일, 우상화와 같은 체제를 유지하는 수단으로 이용할 뿐이다. 이러한 이유로 북한은 빈곤에서 벗어나지 못하는 자원의 저주에 빠져 있다.

우리는 언젠가 있을 통일에 항상 대비해야 한다. 사람들은 한반도가 통일해야 하는 필요성 중 하나로 북한에 매장된 막대한 천연자원을 이야기한다. 특히 북한에는 콩고 민주 공화국과 같이 희토류 광물이 많이 매장되어 있다고 한다. 한반도 광물 자원개발(DMR) 융합연구단은 2016년 6월 북한 함경남도, 평안북도, 황해도 일대에 희토류가 20억 톤가량 매장되어 있다고 발표했다. 만약 그렇다면 북한은 세계 1위 희토류 보유국이 된다. 이를 본다면 통일이 되었을 때 천연자원을 이용해 막대한 경제 이득을 얻을 수도 있다.

　하지만 우리가 한 가지 유념해야 할 점이 있다. 통일이 되어 이러한 자원을 무분별하게 이용할 때 북한의 천연자원은 우리에게 분쟁의 씨앗이 될 수 있고 자원의 저주로 다가올 수 있다는 점이다. 그러니 추후 천연자원을 통해 얻은 수익을 효율적으로 재투자해 '자원의 저주'가 아닌 '자원의 축복'을 받을 수 있도록 대비해야 할 것이다.

프랑스는 왜
무슬림이 많고, 테러도
자주 일어날까?

프랑스를 덮친 종교 분쟁

종교 지도자를 풍자하는 것은
표현의 자유? vs 신성 모독?

"마크롱 대통령은 정신과 치료가 필요하다."

이 말은 실제로 2020년 10월 튀르키예의 에르도안 대통령이 프랑스의 마크롱 대통령에게 분노하며 한 말이다. 이에 마크롱 대통령은 용납할 수 없는 발언이라며 설전을 벌였다. 각 국가의 대통령들이 이 정도로 격하게 설전을 벌이는 일은 굉장히 이례적이다. 도대체 무슨 일 때문일까?

이번 일은 2020년 10월 프랑스의 사회 교사가 이슬람 극단주의자 청년에게 무참하게 살해당하면서 일어났다. 프랑스의 사회 교사인 사무엘 프티는 이슬람교 선지자 무함마드를 풍자한 만평을 보여 주고 표현의 자유에 대해 수업을 했다. 하지만 학생들에게 만평을 보여 준 것을 신성 모독(신을 모독하는 행위)으로 여긴 학부모가 학교에 민원을 넣었고, 이어 교사의 수업을 비난하는 글을 누리 소통망(SNS)에 올렸다. 이 일로 사무엘 프티는 이슬람 극단주의자에게 끊임없이 살해 협박을 당했다. 그러다 이슬람 극단주의자 청년 압둘라 안조로프에게 끔찍하게 살해당한 것이다.

이 사건을 접한 프랑스의 대통령은 "풍자도 표현의 자유 영역"이라며 "자신들의 문화(이슬람교)가 공화국의 법보다 우위에 있다고 보는 사상이 문제"라고 발언했다. 이에 이슬람 문화권 국가인 튀르키예의 대통령이 "신앙(이슬람교)에 대해 이해하지 못하고 다른 신앙을 가진 소수 민족들에게 이렇게 행동(지도자를 풍자한 것을 옹호)을 할 수 있는가? 정신과 치료를 받아 보라."라고 하며 이례적으로 세게 반발한 것이다. 이 문제는 곧 유럽 국가와 이슬람 국가 간 갈등으로 번졌다.

다시 십자군 전쟁이 일어나는 건 아닐까?

이슬람 국가들은 프랑스 대통령의 발언에 분노해 프랑스산 제품의 불매 운동을 벌이며 대규모 항의 시위를 했다. 방글라데시의 한 정당 대표는 "이슬람 예언자에 대한 모욕을 절대 좌시하지 않을 것이며 프랑스를 따끔하게 훈계해야 한다."며 프랑스산 제품의 불매 운동을 요구했다.

한편 유럽 국가들은 튀르키예 대통령의 발언이 심했다며 프랑스 대통령을 옹호했다. 프랑스의 정부 대변인은 "협박에 굴하지 않고 표현과 언론의 자유를 포함한 원칙과 가치를 포기하지 않겠다."고 말했다.

이슬람교와 건조 기후

이슬람교는 서남아시아의 메카에서 생겨난 종교다. 이슬람교의 예배 장소는 모스크라고 부르며 둥근 지붕의 건물과 주변에 뾰족한 첨탑이 있는 것이 특징이다. 이슬람 교인들은 모스크에서 하루에 다섯 번 메카를 향해 절을 하기 때문에 항상 시계와 나침반을 들고 다닌다.

이슬람교의 여성들은 얼굴이나 몸 전체를 가리기 위해 천이나 베일로 만든 의복을 입는다. 의복의 종류에는 히잡, 차도르, 니캅, 부르카가 있다. 얼굴이나 몸 전체를 가리는 옷을 입는 것은 이슬람교가 생긴 곳이 건조 기후인 것과 관련 있다. 건조 기후에서는 햇빛에 의한 탈수 증상과 모래바람을 막기 위해 얼굴이나 몸 전체를 천으로 두르는데, 이것이 종교와 결합해 여성성을 상징하는 복장이 되었다.

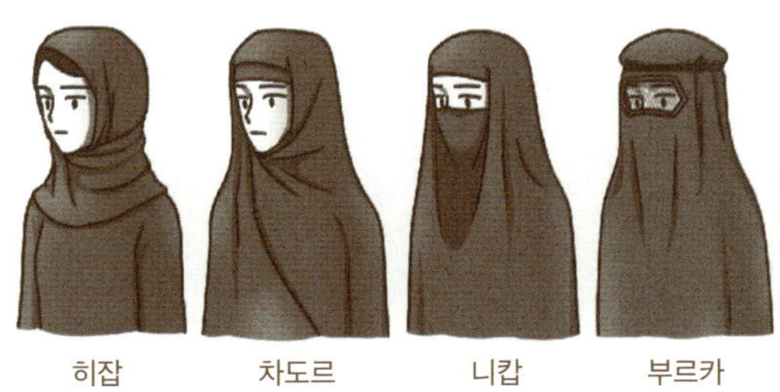

▲ 이슬람교 여성의 복장

또한 이슬람 경전인 쿠란의 교리에 따라 술과 돼지고기를 먹는 것을 금기시한다. 이것 또한 건조 기후와 관련이 깊다. 술은 곡물과 물이 부족한 지역에서 생산하기에 불리하고 사람들의 체온 조절에 도움이 되지 않기 때문이다. 돼지는 물을 많이 먹고 체온 조절 능력이 약해 건조 기후에서 키우기 적합하지 않다. 이러한 이유로 이슬람 문화권에서는 돼지가 불결한 동물이라고 간주되어 돼지고기를 먹는 것을 금기시한다.

이러한 상황에 프랑스의 잡지사 '샤를리 엡도'는 튀르키예의 대통령을 조롱하는 만평을 게재하면서 갈등에 다시 기름을 부었다. 튀르키예의 대통령은 "이슬람교에 대한 증오, 우리 선지자에 대한 불경이 암처럼 번지는 시대를 겪고 있다. 특히 유럽의 지도자들 사이에서 그렇다."라고 하며 유럽의 지도자들을 겨냥하는 발언을 했다. 이어 "유럽에서는 십자군 전쟁이 다시 일어나길 원하고 있다."라고 하며 이슬람 국가들에게 대응해 주기를 요구했다. 이렇게 유럽 국가와 이슬람 국가 간의 다툼이 되려 하자 국제연합(UN)에서 '우려스럽다'라며 중재에 나섰다.

프랑스와 무슬림(이슬람교인)의 갈등은 이번이 처음이 아니다. 대표적으로 2003년 프랑스에서 이른바 '히잡 착용 금지 법안'이 통과되어 국제적인 논쟁이 되었다. 프랑스는 공공 기관 내에서 어떠한 종교 활동을 할 수 없도록 법으로 정해져 있다. 그래서 학교, 관공서 등의 공공 기관에서 종교 복장인 히잡을 쓰지 못하게 하는 법을 만든 것이다. 그러자 많은 무슬림들은 "어렸을 때부터 써왔던 히잡을 어떻게 쓰지 말라는 것인가?" "다문화 사회를 존중하지 않는다."라며 강하게 반발했다. 이어 2009년 해수욕장에서 비키니와 부르카(무슬림 여성이 착용하는 복장)의 합성어인 부르키니의 착용을 금지하여 무슬림들에게 강한 반발을 불러일으켰다.

▲ 샤리아 존에서 하지 말아야 할 것들을 그림으로 나타낸 포스터

한편 프랑스에서는 '샤리아 존(이슬람 율법을 지켜야 하는 구역)'으로 인한 갈등도 심해지고 있다. 무슬림들은 크리스트교 문화권인 프랑스 사회에 동화되지 않고, 이슬람교의 율법인 샤리아를 지키면서 살아간다. 샤리아를 따라야 하는 공간이 샤리아 존이다.

문제는 샤리아 존에서 무슬림은 물론 다른 종교를 가진 사람들도 샤리아 율법을 따르게끔 한다는 것이다. 책을 읽고 있는 여러분도 말이다. 샤리아 존에서는 이슬람교에서 금기시하는 술과 돼지고기를 먹으면 안 되고, 노래나 음악 공연을 하면 안 된다. 또한 여성이 히잡을 쓰지 않거나 노출이 심한 옷차림으로 다니면 잔혹한 형벌을 받는다.

무슬림들이 많이 모인 곳에서는 샤리아 존임을 알리는데 유럽이 이런 경우가 많다. 영국에서는 이미 샤리아를 적용하는 법정이 영국 사법 제도의 일부로 공식적으로 인정된다. 이를 샤리아 재판소라고 하며 2014년 기준으로 런던, 버밍햄 등 85개에 달한다.

샤리아 존에서는 샤리아 경찰이라는 자경단을 꾸린다. 자경단은 이슬람법에 어긋나는 행동을 하는 사람들에게 테러를 가한다. 술을 마시거나 음악 공연을 하는 경우 무차별하게 테러를 자행해 프랑스 경찰과 심한 마찰을 겪는다. 이러한 문화 갈등은 프랑스 내에서 가장 시급한 해결 과제 중 하나가 되었다.

이러한 갈등이 테러로 나타난 것이 2015년에 일어난 '샤를리 엡도' 잡지사 테러 사건이다. 프랑스의 잡지사 샤를리 엡도에서 이슬람교 선지자인 무함마드를 풍자하는 만평을 내자 IS(이슬람 극단주의자)들이 분노해 샤를리 엡도 잡지사에 침입해 총격 테러를 가한 것이다.

이 테러로 잡지사 직원 12명이 사망하고 10명이 부상을 입었다. 이후, 프랑스는 자국 내 이슬람 극단주의 테러리스트를 색출하기 위해 경찰력을 늘렸다. 무슬림 이민자들을 주요 수사 대상으로 삼고 철저히 감시했다. 그러자 프랑스에 있는 무슬림들의 불만이 더욱 커져 갔다.

13일의 금요일
프랑스 파리에서 최악의 테러가 일어나다

2015년 11월 13일 프랑스 파리의 축구 경기장과 공연장을 포함한 6곳에서 동시다발적으로 총기 난사와 자살 폭탄 테러가 일어났다. 프랑스의 수도 파리 한복판에서 끔찍한 테러가 발생한 것이다. 이번 테러는 극단 세력이 저지른 반인륜적인 범죄로 전 세계를 경악하게 만들었다. 이 테러로 인해 130명이 사망하고 350여 명이 부상을 입었다.

당시 테러범들은 세 팀으로 나누어 파리 전역을 동시다발적으로 공격했다. 이들이 테러를 일으킨 장소들은 대부분 샤리아 존에서 금지하는 음주와 음악 공연과 관련된 곳이었다.

첫 번째 그룹의 타깃은 세계 아티스트의 음악 공연 성지인 '스타드 드 프랑스' 경기장이었다. 이곳은 우리나라의 대표 가수 BTS와 블랙핑크가 월드투어를 한 곳으로도 유명하다. 2015년 11월 13일 현지 시각으로 21시 20분, 40분, 53분에 축구 경기장 부근에서 세 차례의 자살 폭탄 테러가 일어났다.

당시 경기장에서는 프랑스와 독일의 축구 친선전이 열렸고, 테러범들은 8만 관중들 사이에서 폭탄을 터트리려고 했다. 하지만 이들은 입장을 제지당했고, 몸수색을 받는 과정 중에 경기장 밖에서 폭탄 테러를 감행했지만 모두 실패했다.

두 번째 그룹은 술집, 식당 등이 타깃이었다. 21시 20분부터 40분

파리 테러 전개 상황.
3~5번은 같은 시간대
에 발생

까지 파리 제10구역과 11구역의 식당과 카페 등에서 총기를 난사해 40여 명이 숨졌다. 10구역 알리베르가에 총을 든 괴한들이 술집과 식당의 테라스에서 식사를 하던 시민들을 향해 무차별 총기를 난사했다. 이 테러로 15명이 죽고 10명이 중상을 입었다. 이후 5분 간격으로 11구역 샤론가와 볼테르가의 카페에서 총기 난사와 자살 폭탄 테러가 이어졌다.

세 번째 그룹은 공연장이 타깃이었는데, 여기서 대부분의 사상자가 생겼다. 22시 무렵 테러범들이 파리 제11구역에 위치한 바타클랑 극장에 침입해 총기를 난사했고, 90여 명이 사망했다. 당시 극장에서는 관객 1,500명이 미국 록그룹 '이글스 오브 데스 메탈'의 공연을 관람하고 있었다. 괴한들은 관객의 종교와 국적을 일일이 확인해 사살할 사람들을 골랐으며, 일부 관객들은 살기 위해 고층 창문에 매달려 탈출하려다 추락했다. 공연장에 갇혀 있던 관객들이 모두 안전하게 대피한 것은 사건이 일어난 지 2시간 30여 분이 지난, 이튿날 0시 20분이었다. 경찰이 들이닥치자 테러범들은 폭탄 조끼를 터뜨려 자폭했다.

전 세계의 사람들은 SNS에 'Pray for Paris(파리를 위해 기도하다)'

▲ 많은 희생자가 발생한 바타클랑 극장　　　ⒸFlorencejeux 출처 위키미디어 커머스

라는 해시태그를 달아 애도의 뜻을 보내며 테러를 규탄했다. 당시 프랑스의 프랑수아 올랑드 대통령은 테러가 일어나자 바로 국가 비상사태를 선언하고 에펠탑, 루브르 박물관 등 다중 이용 시설을 폐쇄했다. 그리고 이슬람 극단주의 테러리스트들을 몰아내기 위한 검문과 검색을 강화했다.

잠시 테러가 잠잠해지나 싶었으나 8개월 뒤인 7월 14일 프랑스 대혁명 기념일에 끔찍한 테러가 일어났다. 휴양지 니스에서 테러리스트가 차량으로 시민들에게 돌진하며 총기를 난사한 것이다.

자유-평등-박애를 상징하는 프랑스 혁명 기념일 축제에서 시민들은 한참 불꽃놀이에 빠져 있었다. 그때 테러범은 인파가 가장 많은 해안 산책로로 19톤 대형 트럭을 몰고 들어왔다. 프랑스는 잇단 테러로 경계를 강화해 차량들을 검문했다. 하지만 테러범은 "아이스크림 배달 중이라 빨리 들어가야 한다."며 검문을 통과한 것이다. 그러고 나서 인파를 향해 최소 2km 거리를 전속력으로 달리며 총기를 난사해 86명이 사망했다.

이후에도 프랑스에서 계속 크고 작은 테러가 발생했다. 테러 발생 사실을 시간 순으로 정리하면 다음과 같다.

★ **프랑스와 이슬람교의 갈등으로 발생한 테러 일지**

1. 2015년 샤를리 엡도 총격 테러 사건으로 12명이 사망함.

2. 2015년 파리 시내 7곳에서 테러 사건이 발생해 130명 사망함.

3. 2016년 니스에서 무슬림 남성이 트럭을 돌진하면서 총기를 난사하여

86명이 사망함.

4. 2016년 낭트의 성당에서 미사를 집전하던 신부를 살해함.

5. 2017년 마르세유에서 흉기를 휘둘러 여성 2명을 살해함.

6. 2018년 스트라스부르에서 무차별적으로 총을 난사해 4명이 사망함.

7. 2020년 파리 근교에서 무슬림 남성이 프랑스 교사를 살해함.

8. 2020년 니스의 성당 앞에서 무슬림 남성이 3명을 살해함.

9. 2023년 아라스 지역 고등학교에서 무슬림 남성이 프랑스 교사를 살해함.

10. 2023년 그흐넬르에서 무슬림 남성이 행인에게 흉기를 휘둘러 살해함.

프랑스의 입장
"공공장소에서 종교 활동은 금지가 원칙이다"

"프랑스는 분할될 수 없고, 종교에 의해 통치되지 않는다."

1958년 개정된 프랑스 헌법 1조는 첫 문장부터 정교분리(政敎分離)를 나타낸다. 정교분리는 쉽게 말해 종교와 정치는 분리되어야 한다는 것이다. 이것을 프랑스에서는 '라이시테(laicite)'라고 한다. 즉, 사적 영역에서는 종교 자유를 보장하나 공적 영역에서는 이슬람교를 비롯해 그 어떤 종교적 색채를 띠는 일을 금한다는 의미다.

프랑스의 역사를 살펴보면 종교 전쟁 등 숱한 종교 갈등으로 수많은 희생자가 생기는 아픔을 겪었다. 이로 인해 공적 영역에서 종교적인 표현을 하는 것에 대해 굉장히 민감하다. 즉 프랑스 사회는 큰 갈등을 막고 사회를 통합하는 도구로서 라이시테 법을 펼치는 것이다. 이들이 라이시테를 자유, 평등, 박애와 함께 프랑스 4대 정신으로 여기는 이유이기도 하다.

프랑스의 입장을 한마디로 비유하면 "우리 집에 왔으면 우리 집의 규칙을 따라야 한다"이다. 만약 친구가 우리 집에 놀러 왔을 때 친구가 우리 집의 규칙을 지키지 않고 자기 마음대로 행동한다면 집주인인 여러분의 마음은 어떨까? 이렇듯 프랑스는 다른 문화를 지닌 사람들이 오더라도 문화는 존중하되 공적인 공간에서는 프랑스의 법을 따르는 것이 옳다는 입장이다.

특히 무슬림 여성의 복장인 부르카, 니캅은 온몸을 가리는 복장이다. 이런 복장을 입고 공공장소에 나갈 경우 몸에 폭탄을 숨길 수 있다. 실제로 이슬람 극단주의자들의 테러 방식이 몸에 폭탄을 숨겨 테러하는 것이기 때문에 프랑스 정부 입장에서는 이들의 복장을 더욱 예민하게 받아들일 수밖에 없다.

그렇기에 프랑스는 무슬림들이 프랑스의 규칙을 따르지 않으며, 자신들의 종교 율법을 지키는 공간인 샤리아 존을 만든 것이 마음에 들지 않았을 것이다. 특히 이슬람 극단주의자들이 행하는 테러는 프랑스 국민에게 굉장한 충격과 공포로 다가왔을 것이다.

이슬람교의 입장
"문화를 이해하고 존중해 달라"

"예언자 무함마드를 모욕하는 일은 절대 용납될 수 없다."

이슬람교에서는 그림, 동상처럼 무함마드를 시각적으로 형상화하는 것이 금지되어 있다. 이슬람권에서는 무함마드나 이슬람 경전인 쿠란을 조롱하거나 비판하는 행위를 신성 모독(신을 모욕하는 행위)으로 보고 엄격히 금한다. 특히 이슬람 국가인 파키스탄의 경우 신성 모독과 관련된 법률이 의회에서 통과되어 무함마드를 모독한 자에 대해 사형까지 허용한다. 또한 파키스탄에서는 법원 판결과 별개로 주민들이 신성 모독을 한 사람을 직접 고문하고 즉결 처형하기도 한다.

테러를 당한 잡지사 '샤를리 엡도'는 나체 모습을 한 무함마드를 그려 넣는 등 상당히 노골적이고 도발적인 이미지가 들어간 만평(漫評)으로 유명하였다. 종교 지도자를 나체로 그려 넣거나 머리에 폭탄을 꽂아 놓는 등 무슬림 입장에서 표현의 자유라고 받아들이기 힘든 신성 모독이었다. 이에 이슬람 단체에서는 프랑스 법원에 모욕죄로 소송을 제기했다. 하지만 법원에서는 "무슬림 공동체 전체가 아니라 일부 테러리스트를 대상으로 한 그림이라 모욕에 해당하지 않는다"라며 잡지사 측의 손을 들어 주었다. 승소하고 나서 잡지사 샤를리 엡도는 나체의 무함마드가 성적인 자세를 취하는 이미지를 넣

"

는 등 더 노골적인 만평을 이어 갔다.

프랑스에 거주하는 사람 중 무슬림은 540만 명 정도로 프랑스 전체 인구의 8.3%를 차지한다(2020년 기준). 이들 대다수는 프랑스의 부족한 노동력을 보충하는 이주민으로 교육 수준이 높지 않은 저소득층이다. 이들의 종교 지도자를 모독하는 것은 풍자보다 사회적 소수자를 향한 조롱과 탄압이 될 수 있다.

이러한 상황에서 프랑스 대통령이 종교 지도자의 신성 모독을 표현의 자유로 옹호하며, 이슬람교를 테러로 규정한 것에 대해 무슬림들은 굉장히 실망했을 수 있다. 실제로 2020년 교사 사무엘 프티가 살해당한 사건을 두고 대통령이 한 발언에 대해 무슬림인 프랑스의 축구 국가 대표 폴 포그바 선수가 분노해 국가 대표팀을 은퇴한다는 기사가 돌기도 했다. 이는 나중에 거짓 뉴스로 판명되었지만 그만큼 이슬람교의 반발과 실망감이 컸음을 알 수 있다. 무슬림들이 보기에 프랑스 정부는 이슬람교 문화를 인정해 주지 않고 자신의 문화만이 옳다고 하는 극단적인 자문화 중심주의라고 생각할 수 있다.

왜 프랑스에 무슬림이 많아졌을까?

프랑스에는 무슬림들이 전체 인구의 8.3%인 540만 명 정도가 살고 있다. 왜 이렇게 프랑스에 무슬림이 많이 있을까? 그 원인은 크게 네 가지로 찾아볼 수 있다.

▲ 프랑스의 축구 스타 지네딘 지단(왼)과 킬리안 음바페(오)
이들은 모두 알제리 이중 국적을 가지고 있다.
(왼) ©Raphaël Labbé **출처** 위키미디어 커머스
(오) © Эдгар Брещанов **출처** 위키미디어 커머스

첫째 무슬림들이 많은 북부 아프리카의 알제리, 튀니지 등은 프랑스와 지리적으로 가깝다. 거리가 가깝기 때문에 북아프리카 나라의 사람들이 프랑스에 이주해 오기가 쉽다.

둘째, 프랑스는 북아프리카 국가들을 오랜 기간 동안 식민 지배했다. 그래서 북아프리카의 알제리, 튀니지에서 국제 이주를 많이 해왔다. 실제로 이러한 영향으로 프랑스 축구 국가 대표 중에는 북부 아프리카 출신 축구 선수가 많다. 하지만 이주한 무슬림들이 모두 프랑스를 호의적으로 바라보지 않는다. 왜냐하면 프랑스는 아프리카 국가들을 식민 지배하면서 아프리카 사람들에게 프랑스어를 쓰도록 강요하고, 수많은 프랑스인을 파견해 이슬람교를 탄압했기 때문이다.

또한 제1, 2차 세계대전 때 식민지의 수많은 아프리카 사람들이 강제로 징용, 징병되어 전장에서 많은 피를 흘려야 했다. 지금은 프

	추정 무슬림 인구(명)	추정 무슬림 인구 비율(%)
프랑스	5,430,000	8.3
독일	5,530,000	6.8
영국	3,950,000	6.1
이탈리아	2,960,000	4.9
스페인	1,610,000	3.3
네덜란드	1,170,000	6.8

◀ 주요 유럽 국가의 추정 무슬림 인구 수와 비율
출처 Pew Research Center(2020년 기준)

랑스에서 독립했지만 이들은 식민 지배를 당한 것을 제대로 사과와 보상을 받지 못했다고 생각한다. 우리나라가 일본에 식민 지배당한 경험과 비슷한 맥락이다. 이러한 배경으로 인해 많은 전문가들은 프랑스에서 테러가 많은 이유로 식민 역사를 먼저 꼽는다.

셋째, 프랑스는 인구가 고령화되고 저출산으로 인해 인구가 줄어 노동력이 부족해졌다. 이를 해결하고자 외국인 근로자를 적극적으로 받아들이면서 무슬림이 크게 늘어났다. 1960~70년대부터 프랑스를 비롯한 유럽 국가 대부분은 고령화, 저출산 문제를 겪고 있었다. 노년층 인구는 점점 늘어나는데 반해 돈을 벌 수 있는 청년층과 장년층의 인구가 줄어들면 국가 경제에 위기가 닥칠 수 있다. 그래서 프랑스는 부족한 노동력을 해외에서 보충하는 정책을 펼친 것이다.

반면 북아프리카 국가들은 1960~70년대에 인구가 폭발적으로 늘어났지만, 일자리는 부족해서 많은 실업자가 생겨났다. 북아프리카 사람들은 일자리를 찾아 유럽으로 국제 이주를 했다. 다시 말해 선진국과 개발도상국의 이해관계가 맞았기 때문에 인구 이동이 일어난 것이다. 하지만 이주해 온 무슬림들은 대부분 교육 수준이 낮았고 집안 사정도 넉넉하지 못해 낮은 임금을 받는 일을 주로 했다. 결국 실업자가 되거나 일을 해도 빈민가를 벗어나지 못하는 경우가 많았다. 이런 상황에 대한 불만이 테러로 이어진 배경 중 하나다.

넷째, 최근 시리아 내전과 아프가니스탄 내전이 일어나면서 서남아시아의 중동 지역에서 많은 이슬람 난민들이 유럽으로 이주해 왔다. 하지만 프랑스는 물론 유럽 국가들은 최근 폭발적으로 들어오는 이슬람 난민들을 달가워하지 않는다. 2015년 파리에서 일어난 테러는 난민으로 위장한 이슬람 극단주의 세력이 일으켰기 때문이다. 테러범들이 언제든지 난민으로 위장해 들어올 수 있다는 위험 때문에 프랑스 정부는 이들을 더욱더 신중하고 예민하게 보고 있다. 프랑스 정부와 무슬림 간의 갈등은 충분한 대화와 협의를 거쳐야만 원만하게 해결할 수 있을 것이다.

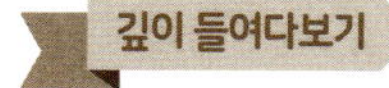

우리나라에서 벌어지는 이슬람 사원 건립을 둘러싼 갈등

우리나라에서도 이슬람 사원 건립을 둘러싼 사회적 갈등이 곳곳에서 일어나고 있다. 2021년 대구광역시 대현동 주택가에서 이슬람 사원인 모스크를 건설하려고 한다는 사실이 알려지자 지역 주민들이 강하게 반발했다. 주민들은 비상대책위원회를 구성해 이슬람 사원 건축 반대 운동을 펼쳤다. 비상대책위원회에는 모스크 건설 현장 앞에서 이슬람교에서 금기시하는 돼지머리를 두거나, 돼지고기 수육을 주민들에게 나눠 주는 퍼포먼스를 했다. 이 소식은 BBC와 뉴욕타임스 등에 소개될 정도로 국제적인 이슈가 되었다.

비상대책위원회 측은 "주민들의 동의도 없이 주택가 한복판에 이슬람 사원을 짓는 것은 주민들의 주거권과 환경권, 휴식권, 사생활 보호권, 재산권 등 국민의 자유와 권리를 침해한 명백한 인권 침해"라고 이야기한다. 대법원까지 간 재판은 "집단 민원보다 종교의 자유가 우선돼야 한다."라는 판단을 내리고 이슬람 건물 건축주의 손을 들어 주었다. 하지만 주민들은 여전히 반대하고 있다. 주민 측과 이슬람 사원 건물주 측이 충분히 대화해야만 사태를 원만하게 해결할 수 있을 것으로 보인다.

▲ 대구광역시 북구 대현동 일대에서 모스크(이슬람 사원) 건립을 반대하는 현수막이 걸려 있고, 그 아래 돼지머리가 놓여 있다.

불난 지구에
부채질하고 싶은 나라들

북극해 분쟁

지구 온난화의 시대는 끝났다

"지구 온난화(Global warming)의 시대는 끝나고, 지구 열대화(Global boiling) 시대가 왔다."

_안토니우 구테흐스 UN 사무총장

2023년 7월 27일, 미국 뉴욕의 국제연합(UN) 본부는 전 세계를 향해 강력한 경고장을 보냈다. 안토니우 구테흐스 UN 사무총장이 기자 회견을 하며, 지구는 이제 더 이상 따뜻(warming)해지는 정도가 아니라 끓고(boiling) 있는 수준이라고 경고한 것이다. 그는 기후변화의 후유증이 지구 곳곳에서 재난 수준으로 나타나고 있으며, 공포스러운 상황이라고 단호하게 이야기했다. 그러면서 이것은 시작에 불과하다고 덧붙였다.

기후 변화는 우리의 삶에 어떤 영향을 미칠까? 날씨 변화, 자연재해 증가, 대형 산불 증가, 과일이나 채소와 같은 작물 재배지 이동 등 삶의 전반적인 부분이 서서히, 그러나 확실하게 달라질 것이다. 실제로 우리나라는 매년 여름 '기록적인 폭염', '기록적인 폭우'와 같은 극단적인 날씨에 대한 기사를 볼 수 있다.

또한, 우리나라에서 망고, 파파야, 바나나 같은 아열대 작물 생산량이 점점 늘어나고 있다. 반면에 서늘한 환경에서 자라는 감자와 같은 작물은 달라진 기후로 인해 생산량이 일정 부분 줄어들었다. 이처럼 우리는 이미 뜨거워진 지구로 인한 변화를 겪고 있다.

우리나라보다 더 상황이 좋지 않은 나라도 있다. 태평양의 남쪽에 있는 아주 작은 섬나라 투발루(Tuvalu)이다. 투발루는 이 세상의 지도에서 영영 사라질 위기에 처했다. 기후 변화 때문에 바닷물이 차올라서 땅이 점점 잠기고 있기 때문이다.

현재 속도라면 투발루는 약 2050년에 모든 땅이 바다에 잠겨 흔적조차 없어질 수 있다. 그렇기 때문에 투발루 국민들은 어쩔 수 없이 평생토록 꾸려온 삶의 터전을 두고 주변 나라로 떠나야만 하는 상황이다. 아직은 먼 나라의 이야기이지만, 우리나라도 안심할 수는 없다. 우리나라는 투발루처럼 섬나라는 아니지만, 땅의 세 면이 바다로 둘러싸인 반도 국가다. 또한, 한반도의 서쪽과 남쪽 바다에는 크고 작은 섬들도 많다. 따라서 우리나라 역시 기후 변화로 바닷물이 차오르는 것에 민감할 수밖에 없다.

해양환경공단(KOEM)에서는 공식 홈페이지를 통해 '해수면 상승 시뮬레이터' 프로그램을 공개했다. 이 프로그램은 몇 가지 해수면 상승 시나리오를 만들어 미래 한반도가 바닷물로 어느 정도 잠기게 될지 쉽게 보여 준다. 예를 들어 현재와 같이 기후 변화가 지속된다면 2100년 한반도는 약 1.1m 해수면이 차올라 바닷가 근처 땅 501km²가 잠길 것으로 예상된다고 나온다. 다시 말해 앞으로 80년도 채 되지 않아 축구장 면적 70,168개 정도 되는 우리 땅이 사라진다는 것이다. 특히, 바다가 비교적 얕고 섬이 많은 전라남도의 경우 현재 주민의 수를 기준으로 약 7,366명이 살던 땅을 잃게 된다.

자연의 거대한 힘 앞에서 인간은 한없이 약한 존재임을 우리는 잘 알고 있다. 이미 기후 변화는 시작되었고 되돌릴 수 없다. 세계 곳곳에서 지구가 병들고 있다는 신호가 계속 나타난다.

2023년 캐나다, 미국 하와이, 스페인에서는 초대형 산불이 일어났다. 특히 캐나다는 4월에 시작된 산불이 8월까지 이어져 역대급 최악의 산불로 기록되었다. 전문가들은 세계 곳곳에서 대형 산불이 자주 발생하는 이유 중 하나로 기후 변화를 지적한다. 지구의 온도가 높아지면서 뜨겁고 건조한 바람이 부는 날이 이전보다 많아졌기 때문이다. 불은 건조한 공기를 좋아하는데, 건조한 공기를 연료로 삼아 계속해서 번져 가는 불을 막지 못해 쉽게 대형 산불로 이어진다는 것이다.

세계기상기구(WMO)는 앞으로 대형 산불은 일상이 될 것이라고 내다보았다. 극단적인 이상 기후가 산불을 일으키고 산불은 또다시 기후 변화를 부추긴다는 것이다. 산불 말고도 폭염, 한파, 가뭄, 홍수

등 수많은 자연재해가 이전과는 다른 모습으로 나타나 지구촌의 생명을 위협하고 있다.

2024년 4월, 아라비아반도에 위치한 아랍에미리트, 오만, 바레인, 카타르 등은 이례적인 폭우로 몸살을 앓았다. 이 나라들은 일 년 내내 비가 적게 오는 대표적인 건조 기후 지역에 속한다. 특히, 아랍에미리트의 두바이 지역은 단 12시간 만에 일 년치 비가 한꺼번에 쏟아져 최악의 홍수를 겪었다. 이 폭우 역시 기후 변화로 인한 이상 기후라고 전문가들은 전했다.

이처럼 기후 변화로 인한 크고 작은 피해는 지구촌 어디에서나 일어난다. 더 이상 안전지대는 없다는 것이다. 이제는 바닷물이 차올라서 땅을 잃는 것쯤이야 아무것도 아닌 일이 될 수 있다는 것이 더욱 큰 공포로 다가온다.

고대 바이러스가 다시 세상에 나오게 된다면?

기후 변화라는 인류 최대의 적과 치열한 전쟁을 치르는 지구촌 최전방 지역이 있다. 바로 북극해 주변에 있는 영구 동토층이다. 영구 동토층이란 일 년 내내 녹지 않고 2년 이상 얼어 있는 땅을 말한다. 지구의 육지 면적 중 약 14% 정도를 차지한다. 주로 시베리아, 알래스카, 캐나다 북부 등 몹시 추운 지역에 많이 있다.

이 영구 동토층은 수천 년에서 수만 년 동안 쭉 냉동된 채로 지구 표면 토양층 밑에 자리해 왔다. 그 안에는 얼기 전에 있었던 식물들의 잔해, 동물들의 사체, 미생물, 그리고 천연자원이 매장되어 있다. 문제는 지구의 온도가 높아지며 영구 동토층이 점점 녹고 있다는 사실이다.

'얼어 있는 땅이 녹으면 식물도 자랄 수 있고 천연자원까지 얻을 수 있으니 좋은 것이 아닌가?'라고 생각할 수 있다. 하지만 그 땅이 녹으면 수많은 양의 탄소가 대기 중으로 나온다. 영구 동토층이 녹으면 그 안에 얼어붙어 있던 식물들의 잔해와 동물들의 사체도 녹기 마련이다. 공기 중으로 노출된 동식물의 잔해는 썩기 시작한다. 이때, 썩은 동식물의 잔해가 세균과 같은 미생물에 의해 분해되면서 이산화탄소나 메테인 등 탄소가 만들어지는 것이다.

탄소에는 여러 종류가 있다. 그중 이산화탄소와 메테인은 지구의 온도를 높이는 능력이 대단한 기체들이다. 특히 메테인은 이산화탄소의 20배 정도나 되는 힘을 가진다. 대기 중으로 나온 이산화탄소와 메테인은 지구의 표면을 두르며 외투 역할을 한다. 이 외투는 태양이 보내는 열을 지구 쪽으로 받아들이고 다시 내보내지는 않으려 한다. 지구에 열을 가두어 따뜻한 방, 즉 온실로 만든다. 그래서 우리는 이런 기체들을 '온실 기체'라고 부르는 것이다.

적당한 양의 온실 기체는 지구의 온도를 유지하기 위해 반드시 필요하다. 하지만 지구에는 이미 차고 넘칠 정도로 많은 온실 기체가 있다. 지구의 인구가 많아지고 산업이 발달하면서 그동안 엄청난 양

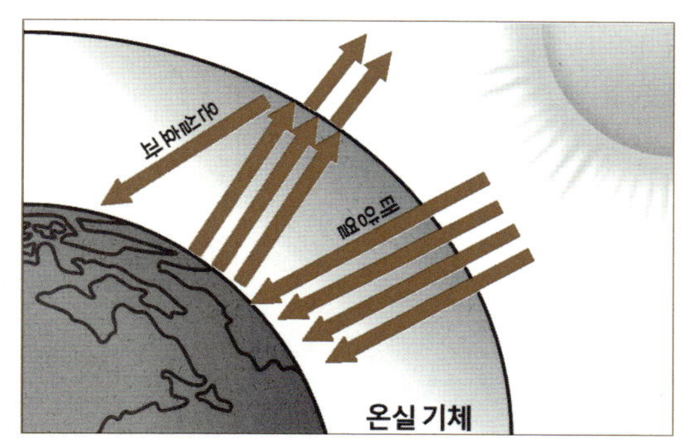

▲ 온실 효과가 발생하는 원리

의 온실 기체를 내뿜었기 때문이다. 그래서 전 세계의 많은 나라들이 대기 중의 온실 기체 농도를 줄이기 위해 '탄소 중립'을 외치고 있다.

그런데 영구 동토층 안에는 지금 대기에 있는 탄소보다 훨씬 많은 양의 탄소가 매장되어 있다고 한다. 북극의 영구 동토층이 다 녹으면 탄소가 약 1조 8000억 톤 정도 나올 것으로 예측한다. 현재 대기 중 탄소량이 약 8000억 톤 정도라고 하는데, 이것의 두 배가 넘는 엄청난 양이 얼음 속에 갇혀 있는 것이다.

최근에는 영구 동토층에서 나오는 온실 기체뿐 아니라 고대 바이러스까지 지구 생태계의 위협이 되고 있다. 프랑스의 한 연구팀이 시베리아 영구 동토층의 토양을 조사했는데, 여기에서 고대 바이러스를 발견했다. 이 바이러스는 수만 년 동안 얼어붙어 있었음에도 단세포 동물인 아메바를 감염시켰다. 여전히 전염력을 가진 채로 냉동되어 있던 것이다.

영구 동토층 안에는 또 어떤 바이러스가 있을지 아직 모른다. 우리는 지독한 코로나19 팬데믹을 이미 겪어 봤기 때문에 전염력을 가진 바이러스가 얼마나 무서운지 잘 알고 있다. 이른바 죽어도 죽지 않는 '좀비 바이러스'의 공포가 영화나 소설이 아닌 현실로 우리에게 다가오고 있는 것이다.

북극 빙하가 녹으면 북극곰은 사라지나요?

바다 한가운데 얼음 조각 위에서 위태롭게 서 있는 북극곰. 지구 온난화의 심각성을 알려 주는 대표적인 사진이다. 북극의 빙하가 녹아가자 북극곰이 살아갈 터전과 생존이 위협받는다는 것이다. 하지만 북극곰의 생존과 지구 온난화는 상관없다고 주장하는 전문가들도 있어 궁금증을 자아낸다. 그들은 지구 온난화와 관계없이 북극곰의 개체 수는 오히려 늘어났다고 주장한다. 12만 년 전, 지구에 빙하가 없었을 때도 북극곰은 생존했다는 근거를 내기도 한다. 그러면서 '지구 온난화는 인간이 만들어 낸 거짓 이야기'라는 목소리를 낸다.

한편, 북극곰의 개체 수 변화는 정확히 추정할 수 없다는 주장도 있다. 북극곰은 빙하 여기저기를 오가며 지내기 때문에 정확한 수를 계산하기 어렵다는 것이다. 그래서 전문가들은 북극곰의 개체 수를 예측해서 추론하는 수치로 기록해 왔다. 최근에서야 북극곰 개체 수의 변화에 대해 정확히 알고 대비하려는 노력을 시작했다.

러시아는 2023년 5월 세계 최초로 드론으로 북극곰 개체 수를 조사했다. 이마저도 정확히 모든 지역을 조사하기에는 부족했다. 따라서 과거에 비해서 북극곰의 개체 수가 늘었는가, 줄었는가를 따지는 것은 큰 의미가 없다. 앞으로가 진짜 중요하다.

이미 기후 변화는 시작되었고, 북극곰의 터전은 불안정하다. 인간의

이기적인 욕심으로 북극곰의 생존이 흔들리지 않도록, 모두의 관심과
노력이 필요한 것이다.

지구 온난화를 반기는 나라가 있다고?

해수면 상승, 폭염, 이상 한파, 대형 산불,
집중 호우, 고대 바이러스 부활…

지구의 기온 상승으로 세계 곳곳에서 일어나는 재앙의 연결고리
다. 지구 온난화는 전 세계 모든 나라, 모든 인류를 똑같이 위협한다.
이미 피해를 겪었느냐, 겪지 못했느냐의 차이만 있을 뿐, 그 누구도
방심할 수는 없다.

하지만 지구 온난화로 북극의 빙하나 영구 동토층이 녹는 것을 오
히려 반가워하는 몇몇 나라가 있다. 어떻게 된 상황인지 살펴보자.
북극해는 북극을 중심으로 그 주변에 있는 바다를 말한다. 남극의 경
우 하나의 커다란 땅덩어리인데, 북극은 바다라는 점이 다르다. 따라
서 북극의 빙하가 녹는다는 것은, 새로운 바다가 열린다는 의미이기
도 하다.

'얼지 않는 항구, 부동항' 하면 가장 먼저 떠오르는 나라는 러시아

북극해를 항해하는
쇄빙선의 모습

다. 러시아의 역사는 부동항을 얻기 위한 역사라고 해도 지나치지 않
다. 러시아는 워낙 추운 지역에 있는 나라이기 때문에 바다 대부분이
얼어 있다. 그래서 1년 내내 얼지 않고 언제든 운영할 수 있는 항구
가 간절히 필요하다. 급기야 러시아는 '얼음? 피할 수 없다면 깨자!'
라고 발상을 전환한다. 얼음을 부수면서 항해하는 배. 즉, 쇄빙선을
만들어 낸 것이다.

1864년 러시아 제국에서 세계 최초로 쇄빙선을 만들었다. 또,
1950년대 후반 소련에서는 세계 최초로 원자력 쇄빙선을 만들었다.
현재까지도 쇄빙선을 만드는 기술력은 러시아가 매우 뛰어나다. 러
시아는 세계에서 가장 많은 쇄빙선을 가진 나라다. 또한 세계에서 유
일하게 원자력 쇄빙선을 가지고 있다.

그런데도 러시아는 여기서 만족하지 않는다. 2035년까지 러시아
정부는 원자력 쇄빙선을 포함한 대형 쇄빙선을 추가로 만들겠다는
장기 프로젝트를 발표했다. 이 프로젝트를 자세히 들여다보면, 지구
온난화로 인해 북극해가 열릴 가능성을 발견한 러시아의 기대가 가

130

득 담겨 있다. 쇄빙선을 추가로 만드는 것뿐 아니라 물류 기지 추가 건설, 통신 시설 확대 등 본격적인 개발과 투자를 계획하고 있다. 북극해를 반드시 차지하고야 말겠다는 러시아의 욕심이 보인다.

실제로 러시아는 최근에 북극해의 도움을 톡톡히 받았다. 2022년 러시아-우크라이나 전쟁 직후 미국과 유럽 연합 국가들은 러시아를 경제적으로 압박했다. 대표적인 예로 러시아산 원유와 원자재 등의 수입을 금지했다. 이 국가들은 러시아에 전쟁 책임을 물으려 했다. 그리고 러시아가 더 이상 전쟁에 쓸 돈이 없어져 전쟁이 끝나기를 바랐다. 실제로 러시아는 국가 부도 직전까지 갔다. 그런데 그것도 잠시, 러시아는 중국, 인도와 같은 우호적인 아시아 국가와 협력하기 시작했다. 여기에는 유럽을 거치지 않아도 되는 북극해 항로가 큰 도움이 되었다. 결과적으로 러시아는 여러 나라의 압박에도 크게 타격 받지 않았다.

러시아는 2023년 7~8월에 3차례 북극해 항로를 통해 중국으로 원유를 운반했다. 물론 아직은 모든 바다가 녹은 것이 아니기 때문에 운반에 드는 시간이나 비용이 크게 줄지는 않았다. 하지만 기후 변화 속도로 보면 이러한 어려움은 금방 줄어들 것이다. 그렇기에 러시아는 이토록 매력적인 북극해 항로를 놓치지 않을 것이다. 개발을 위해 더욱 적극적인 투자와 노력을 이어갈 것으로 보인다. 또한, 이를 지켜보는 다른 나라도 더욱 적극적으로 대응하게 될 것이다.

세계 물류의 새로운 강자,
북극해 항로

북극해 항로는 크게 두 갈래로 나뉜다. 캐나다 북쪽을 지나 유럽과 북아메리카를 연결하는 북서항로와 러시아 북쪽을 지나 유럽과 아시아를 연결하는 북동항로다. 북서항로는 북동항로에 비해 빙하가 덜 녹았다. 그리고 기존 항로에 비해 경제적인 효과도 크지 않아 존재감이 약하다. 반면에 북동항로는 모든 조건을 다 갖추었다. 우리나라 역시 북동항로가 열리면 효과를 누린다. 기존 항로와 비교하면 부산에서 북유럽까지 거리는 32% 줄일 수 있고, 시간은 10일 정도 줄일 수 있다.

러시아가 북극 항로를 개발하는 데 적극적으로 나서게 된 계기가 있다. 2021년 3월 수에즈 운하에서 발생한 에버기븐호 사고다. 에버기븐호는 말레이시아에서 출발해 네덜란드 로테르담으로 향하던 중이었다. 그런데 수에즈 운하를 통과할 때, 어떠한 이유로 배의 앞뒤가 대각선으로 운하에 끼이게 되었다. 이 사고로 수에즈 운하가 가로막혀 선박들은 일주일간 양방향으로 오갈 수 없는 신세가 되었다. 수에즈 운하는 세계에서 가장 바쁜 운하로도 불린다. 그만큼 많은 선박이 수에즈 운하를 통과하는데, 이 길이 막힌 것이다.

이 사고의 피해는 헤아릴 수 없을 만큼 컸다. 원자재를 한동안 공급받지 못한 공장들은 제품을 만들지 못했다. 원유와 가스를 운반하지 못해 국제 유가가 6% 가까이 올랐다. 운하 하나가 닫혔을 뿐인데

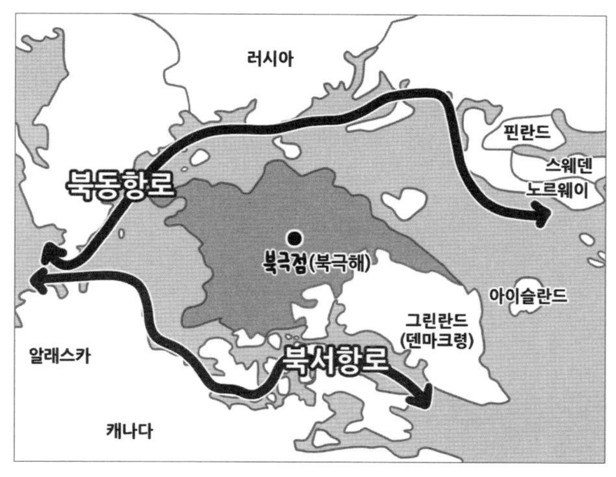

북극 영역과
북극 항로 노선도

세계 전체가 영향을 받은 것이다. 더는 수에즈 운하만 믿고 있을 수 없었다. 여기에 문제가 생길 경우를 위한 대책이 필요했다. 이에 러시아는 북극 항로의 가능성을 엿보았다. 그리고 다음 해에 북극 항로 개발 계획을 발표해 적극적으로 추진하고 있다.

북극해라는 보물 상자를 차지하기 위해

기후 변화와 함께 전 세계 주요 국가들은 북극해 개발에 힘쓰고 있다. 개발을 진행할수록 북극해는 놓치기 힘든 보물 상자가 되고 있다. 북극해 보물 상자 안에는 크게 세 가지 매력적인 보물이 들어 있다.

첫째, 석유, 천연가스, 석탄 등 자원을 얻을 수 있다. 2008년 미국 지질조사국(USGS)은 북극권에 막대한 양의 석유, 천연가스 등이 묻혀 있을 것이라고 발표했다. 구체적인 가치로 따져 보면 약 170조 달러에 이른다고 한다. 한화로 약 22경 7,460조 원에 달하는 액수다. 이외에도 희토류, 다이아몬드 등 엄청난 가치의 광물 자원이 풍부하게 매장되어 있다고 한다.

둘째, 앞서 다룬 것처럼 북극 항로에서 자유로운 항해를 할 날이 머지않았다는 것이다. 북극 항로를 우리나라는 물론 많은 나라들이 환영하는 또 다른 이유는 바로 해적의 위험이 없다는 것이다. 원래 다니던 항로로 이동하면 인도양 부근에서 해적을 만날 위험이 크다. 2011년에 우리나라 배도 인도양에서 소말리아 해적을 만나 붙잡힌 적이 있다. 다행히 근처에 파병된 대한민국 해군 청해부대의 구출 작전으로 선원 21명과 배는 무사히 구조되었다. 가슴을 쓸어내리긴 했지만 다시는 경험하고 싶지 않은 일이다. 북극 항로로 배가 다니면 이런 걱정은 하지 않아도 된다. 북극해 주변은 기후 환경이 좋지 않아 애초에 사람들이 많이 살지 않기 때문이다.

마지막 북극해의 보물은 바로 수산 어장이다. 지구 온난화로 빙하가 녹으면서 해양 생물이 누비는 바다의 영역이 넓어지고 있다. 또, 물의 온도가 높아지면서 일부 어종은 북극에서도 활동할 수 있을 것이라는 추측이 있다. 실제로 북극해 주변인 북태평양의 베링해에서는 미국 전체 수산물의 약 50%가 생산된다. 명태, 대구, 가자미류, 연어류 등 어종도 다양하다. 지구 온난화로 베링해 주변 바닷물은 점점 따뜻해진다. 그렇다면 어종들이 적합한 물 온도를 찾아 북쪽으로 이동하게 될 것이다. 그렇게 되면 북극해는 많은 어종들이 모인 어장이 될 수 있다.

북극해 영유권 분쟁 이야기

20세기 초반만 해도 북극해는 쓸모없는 지역으로 여겼다. 그러나 갈수록 북극해는 기회의 땅이 되어 갔다. 이에 1996년 9월 19일, 북극해 주변을 둘러싼 8개 국가의 대표가 캐나다 오타와에 모였다. 이들은 오타와 선언을 통해 북극이사회를 설립했다. 북극이사회의 8개 회원국은 노르웨이, 덴마크, 러시아, 미국, 스웨덴, 아이슬란드, 캐나다, 핀란드다.

이들이 북극이사회를 만든 이유는 싸우지 않기 위해서다. 이들은 북극의 환경을 보존하고 평화롭게 자원을 개발해 지속 가능한 북극을 만들자고 약속했다. 그렇다면 이 약속은 깨지지 않고 잘 유지되고 있을까? 그렇지 않다. 크게 보면 러시아와 나머지 국가 간 갈등이 깊어지고 있고, 자세히 보면 각자 나라의 이익을 위해 서로 다른 주장을 펼치고 있다. 북극해 영유권의 기준은 아주 애매모호하다. 어느 기준으로 보느냐에 따라 북극해를 누리는 권리가 달라진다. 그래서 자원과 영유권을 유리하게 차지하려는 각 나라의 노력이 치열하다.

가장 먼저 적극적인 움직임을 보인 나라는 러시아다. 2007년 8월 소형 잠수정을 이용해 북극점 아래 바닷속에 티타늄으로 만든 러시아 깃발을 꽂았다. 이는 로마노소프 해령(해안 산맥)이 러시아의 영

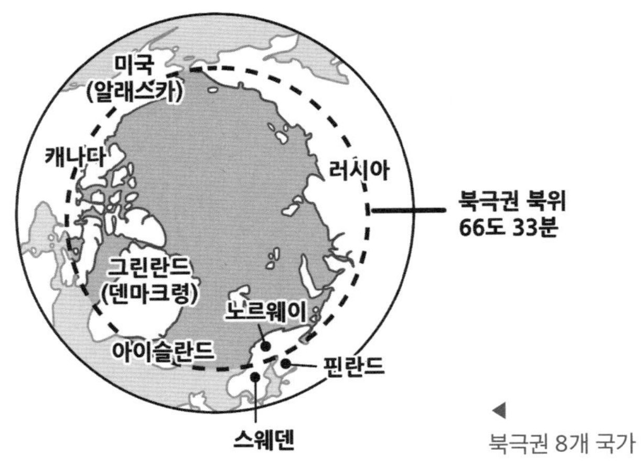

북극권 8개 국가

토와 깊은 바다에서 이어졌다는 주장을 퍼포먼스로 보여 준 것이다. 깃발을 꽂는 장면을 전 세계에 생중계하며 북극이 러시아 땅이라고 주장했다.

이런 러시아의 행동에 미국, 캐나다, 유럽 주요 국가들은 한 방 얻어맞은 것처럼 당황했다. 각자 비판 메시지를 발표하며 언짢은 기색을 보였다. 이를 계기로 북극해 연안국들은 각자의 논리대로 영유권을 주장하기 시작했다. 캐나다, 미국, 덴마크 등은 각각 다른 조사 결과를 들고 로마노소프 해령이 자신들의 영토와 연결되었다고 주장한다. 이들의 의견 차이는 좀처럼 좁혀질 것 같지 않다. 북극해의 가치가 주는 기대감이 너무 크기 때문이다. 누구도 쉽게 양보하지 못할 것이다.

소리 없이 치열한 분쟁 지역,
북극해

북극해는 그 잠재 가치와 경제성이 무한하다. 그런데 주인이 없다. 그렇기에 북극해를 차지하고 싶은 나라들이 욕심을 부린다. 점점 갈등이 드러나고 있는데 해결 방법은 없다. 얼어 있는 바다를 두고 벌이는 싸움은 처음이기 때문에 참고할 만한 역사가 없다. 또, 분쟁을 조정하고 갈등을 해결할 만큼 막강한 국제기구도 없다. 관련 국가들도 각자의 주장만 이야기할 뿐, 협상의 의지를 보이지 않는다. 이런 답답한 상황 속에서 기후 변화는 속수무책으로 다가오고 있다. 그럴수록 북극해를 향한 욕심과 기대는 커져만 간다. 마치 언제 터질지 모르는 시한폭탄 같다. 아직은 아무 일도 없지만 언젠가 터지면 큰일이 날 것 같은 불길함이 감돈다.

그렇지만 잊어서는 안 되는 사실이 있다. '기후 변화'가 이 모든 것을 쥐고 있다는 것이다. 인류가 북극해의 진정한 가치를 누리고 있을 때라면 지구의 수명이 얼마 남지 않았다는 의미이지 않을까? 닥쳐올 미래가 무엇인지도 모르고 잠깐의 달콤함에 핵심을 잊어서는 안 된다. 인류가 목숨을 걸고 지켜야 할 것은 북극해 영유권이 아니라, 지구 생태계의 생존이다.

산악 민족,
쿠르드족이 세계를
떠돌게 된 사연은?

중동의 집시, 쿠르드족 분쟁

수천 년간 나라 없이 사는 비운의 민족

인터넷에서는 종종 '나라 잃은 표정'이라는 말을 쓰는데 굉장히 낙담하거나 갑자기 큰 충격을 받을 때 짓는 표정을 말한다. 한국인이라면 이 단어를 처음 들어도 쉽게 이해한다. 한국은 역사적으로 나라를 잃었던 슬픈 경험이 있다. 그래서 나라 잃은 표정이 얼마나 큰 충격과 슬픔을 비유하는 말인지 잘 안다. 그리고 그만큼 '나라'를 이루고 산다는 것이 얼마나 소중한지도 잘 알고 있다.

그런데 잃을 나라조차도 없는 비운의 민족이 있다. 바로 쿠르드족이다. 4천 년이라는 오랜 역사를 가졌음에도 쿠르드족은 지금까지 나라가 없다. 쿠르드족은 주로 중동 지역에 사는 민족이다. 쿠르드족만의 독립된 나라가 없기에 이들은 튀르키예, 이란, 이라크, 시리아 등에 흩어져 살고 있다. 그래서 대략적인 인구만 헤아릴 뿐, 정확한 인구수를 파악하기는 어렵다.

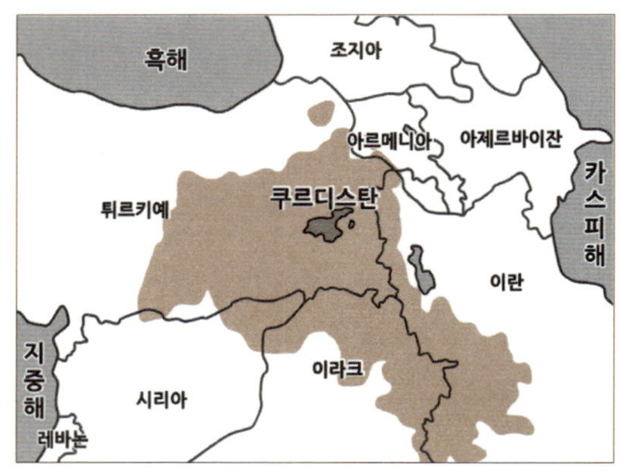

◀ 쿠르드족의 거주지 분포

쿠르드족의 인구수는 약 3천만 명으로 추정한다. 나라 없는 민족 중에서는 인구가 가장 많다. 수치를 정확히 이해하기 위해 비교해 보자. 대한민국의 인구는 2023년 기준 약 5천 100만 명이다. 쿠르드족의 인구는 우리나라의 약 59% 정도 된다. 또 다른 시각으로 보면, 오스트레일리아(호주)의 인구는 2023년 기준 약 2천 600만 명으로 쿠르드족 추정 인구 규모보다 작다. 그리고 오스트레일리아는 최근 몇 년간 꾸준히 전 세계 195개의 국가(UN 승인 국가) 중 인구 순위 50위 초반을 유지해 왔다. 이런 수치를 고려하면, 쿠르드족은 국가를 이루기에 충분한 인구를 보유하고 있다.

또 쿠르드족은 그들만의 언어인 쿠르드어를 사용한다. 대부분이 이슬람교를 믿고 고유한 문화를 가졌다. 그들만의 독립 국가를 세우기 위해 목숨을 거는 노력도 아끼지 않는다. 그들이 모여 사는 지역을 '쿠르디스탄(Kurdistan)'이라고 따로 부른다. 나라를 이루기에 이 많은 조건을 갖추었는데도 왜 쿠르드족은 지금까지 나라 없이 살아야 했을까? 그 비극의 역사를 자세히 알아보자.

쿠르드족이 나라를 갖지 못한 이유 1
지형

　먼저, 지형적인 특징에서 그 원인을 찾아볼 수 있다. 쿠르드족이 주로 살고 있는 쿠르디스탄은 평균 해발 고도가 약 3,000m 정도 된다. 남한에서 가장 높은 산인 제주도 한라산이 약 1,947m 정도이니 쿠르드족은 오래전부터 아주 높은 곳에서 살아온 것이다.

　사실 이러한 산악 지형은 나라를 세우는 데 유리한 조건이 아니다. 가장 대표적인 이유는 주민들 간에 통합을 이루기 어렵기 때문이다. 지형이 울퉁불퉁하고 가파르기 때문에 도로나 철도 같은 교통 시설을 갖추기가 힘들다. 그러면 이 지역에서 저 지역으로 오고 가는 것이 불편해 주민들 간의 교류가 많지 않다. 민족들이 하나로 통합되어 뜻을 모으기가 어렵다는 의미다.

　실제로 쿠르드족은 전통적으로 부족 단위로 생활했다. 크고 작은 부족 공동체 500여 개가 쿠르드족을 이루었다. 아마도 지형 특징상 하나의 통일된 정치 시스템을 갖기가 힘들어서 동네 단위로 부족을 이루어 통치한 것으로 보인다. 이러한 부족 생활이 오래도록 지속되면 하나의 통합된 나라를 만드는 것은 쉽지 않다.

　그런데 여기서 여느 산악 지대 부족 공동체와는 다른 쿠르드족만의 독특한 점이 있다. 험난한 산악 지대의 다른 부족끼리여도 놀랍도록 문화, 언어가 비슷하다는 것이다. 심지어 지역의 방언도 거의 없을 정도다. 쿠르디스탄보다 면적이 좁은 우리나라에서도 여러 지역의 방언들이 있다. 이런 점으로 보아, 쿠르드족은 나라는 없을지언정 그 누구보다 민족적인 정서가 강하다는 것을 엿볼 수 있다.

쿠르드족이 나라를 갖지 못한 이유 2
배신

◇◇◇

그다음 원인은 강대국들의 배신 때문이다. 제1차 세계대전 때 영국은 오스만 제국을 무너뜨리기 위해 쿠르드족을 이용했다. 당시 쿠르드족은 오스만 제국의 지배를 받고 있었다. 영국은 쿠르드족에게 독립 국가를 세워 주겠다고 약속하면서 전쟁에 참여시켰다. 이 전쟁의 결과, 영국의 의도대로 오스만 제국의 시대는 막을 내렸다. 이로써 쿠르드족은 독립 국가를 갖고자 하는 꿈이 곧 현실이 될 것처럼 선명해졌다. 하지만 이내 희망은 배신으로 얼룩지고야 말았다.

제1차 세계대전으로 오스만 제국이 지고 영국을 포함한 연합국이 승리하자, 미국의 윌슨 대통령은 오스만 제국의 지배를 받던 민족들이 독립하도록 도와야 한다고 주장했다. 이를 위해 1920년 8월 오스만 제국과 연합국은 세브르 조약을 맺게 된다. 여기에는 쿠르드족이 원하면 독립 국가를 세울 수 있다는 내용이 담겼다.

그런데 기쁨도 잠시, 오스만 제국은 큰 격동의 시대를 겪었고 튀르키예 공화국(당시 터키 공화국)으로 탈바꿈하며 새로운 도약을 노렸다. 게다가 그리스와의 전쟁에서 승리하면서 튀르키예 공화국의 힘은 강해졌다. 동시에 쿠르드족에게는 어두운 그림자가 드리워졌다. 1923년 튀르키예 공화국과 연합국은 다시 로잔 조약을 맺는다. 여기에는 쿠르드족이 독립 국가를 세울 수 있다는 내용이 온데간데없이 사라졌다. 오히려 쿠르디스탄 지역을 튀르키예, 시리아, 이란, 이라크, 아제르바이잔으로 조각내었다.

이렇게 해서 제1차 세계대전만 승리하면 쿠르드족 독립 국가를 세워 준다던 영국의 달콤한 속삭임이 한순간에 물거품이 되었다. 사실 영국이 쿠르드족을 배신한 진짜 이유가 있었다. 바로 쿠르디스탄 지역에서 대규모 유전이 발견되었기 때문이다. 쿠르디스탄 남부 도시인 모술(Mosul)과 키르쿠크(Kirkuk)에는 많은 석유가 매장되어 있다.

영국은 모술과 키르쿠크의 석유가 탐났다. 그래서 제1차 세계대전 이후 영국령이 된 이라크에 모술과 키르쿠크 지역을 포함시켰다. 이라크를 통해 석유를 안정적으로 얻고 싶었던 영국의 검은 속셈이 쿠르드족을 절망에 빠트린 것이다.

그럼에도 쿠르드족은 포기하지 않았다. 제2차 세계대전이 끝난 후, 쿠르드족은 다시 한 번 독립의 희망을 품는다. 소련의 도움을 받아 이란 북쪽의 땅에 있던 쿠르드족이 드디어 나라를 세운 것이다. 이로써 탄생한 쿠르드 인민 공화국(마하마드 공화국)은 그토록 바라던 쿠르드족의 독립 국가다. 그런데 11개월 만에 꿈의 나라가 무너졌다. 이란이 반격했고, 소련은 이것을 나 몰라라 했다. 소련이 이란에서 철수하자 쿠르드 인민 공화국은 역사 속으로 사라지며 쿠르드족의 최초이자 마지막 국가가 되었다.

그 후로도 각국으로 흩어진 쿠르드족은 저마다 독립을 위해 노력했다. 그러면서 동시에 쿠르드족의 독립을 반대하는 주변 나라들로부터 많은 탄압을 받았다. 주변 나라들도 쿠르드족의 막강한 저항에 걱정이 많기는 하다. 하지만 쿠르드족을 놓아줄 수는 없다. 쿠르디스탄의 막대한 석유 자원을 절대 놓칠 수 없기 때문이다.

끝나지 않는 앙숙 관계,
튀르키예와 쿠르드족

쿠르드족이 가장 많이 살고 있는 나라는 튀르키예다. 약 3,000만 명의 쿠르드족 중 절반 가까이 되는 약 1,400만 명이 튀르키예 동쪽 땅에 산다. 이 수는 튀르키예에게도 부담이 될 만한 인구수이다. 튀르키예는 전체 인구가 약 8,500만 명이다. 그중 쿠르드족이 전체의 약 17%를 차지하니 위협적인 수치다. 그렇다 보니 튀르키예와 쿠르드족은 오스만 제국 때부터 시작된 악연 이후로 줄곧 크고 작은 분쟁을 겪어 왔다. 쿠르드족이 간절히 독립을 바라며 격렬히 저항할수록 튀르키예는 다양한 방법으로 쿠르드족을 탄압했다.

1930년대에 튀르키예 정부는 쿠르드족 이주 정책을 펼치며 공동체를 파괴했다. 그들은 변방에 있던 쿠르드족을 도시의 빈민가로 강제 이주시켰다. 튀르키예는 왜 하필 나라의 안방과도 같은 도시 내부로 쿠르드족을 들였을까? 만일 쿠르드족이 독립을 위한 행동을 하면 정부 차원에서 쉽게 통제할 수 있도록 손을 쓴 것이다. 그 외에도 쿠르드어 사용 금지, 전통 의상 착용 금지, 쿠르드 언론 탄압, 쿠르드 정당 탄압 등 쿠르드족의 정체성을 지워 버리는 정책을 펼쳤다.

쿠르드족도 가만히 당하고만 있을 수는 없었다. 1978년에 쿠르드노동자당(PKK)을 시작으로 쿠르드족은 여러 형태의 무장 단체를 만들었다. 튀르키예에 살고 있는 쿠르드족뿐만 아니라 이란, 이라크, 시리아 등에서도 무장 단체가 활발히 활동하고 있다. 튀르키예 정부군은 쿠르드노동자당 무장 단체를 테러 조직으로 규정했다. 그리고 조직을 해체하기 위해 계속 탄압하고 있다.

2023년 10월 1일에는 튀르키예의 수도인 앙카라에서 폭탄 테러가 일어났다. 쿠르드노동자당(PKK)은 자신들이 저지른 짓이라며 언론을 통해 주장했다. 에르도안 튀르키예 대통령의 강력한 탄압에 저항하는 의미의 테러였다.

에르도안 대통령은 수도 한가운데에서 폭탄 테러가 일어났다는 점에 크게 분노했다. 그리고 강력하게 대응할 것이라는 의사를 밝혔다. 이후 튀르키예 정부는 적극적인 공격을 펼쳤다. 쿠르드족 무장 세력이 있다고 의심되는 곳은 어느 곳이든 폭격했다. 시리아, 이란, 이라크에 자리 잡은 쿠르드족 지역에서도 무력 충돌이 벌어졌다. 국경을 넘어선 폭격은 명백한 주권 침해다. 그러나 시리아, 이란, 이라크 정부는 모른 척 넘어갔고, 튀르키예는 멈출 생각이 없어 보인다.

재난 앞에서도 예외 없는 나라 없는 설움

2023년 2월 6일 새벽(현지 시간), 튀르키예 남부에서 규모 7.8의 강한 지진이 발생했다. 지진의 발생지는 사람들이 많이 사는 지역이었다. 게다가 사람들이 잠든 새벽 시간이어서 미처 대피하지 못한 사람들이 많았다. 처음 지진이 있은 후 크고 작은 여진이 연이어 인명 피해는 하루가 다르게 늘어났다.

동아일보의 한 특파원이 전한 뉴스 기사에는 그 상황이 생생하게 담겨 있다. 기사는 두 사람의 인터뷰를 비교하며 시작된다. 각각 쿠르드족 주민과 튀르키예 수도 앙카라 출신의 주민이다. 쿠르드족 알리 바란은 "튀르키예 정부는 여기 없다. 슬픈 쿠르드인만 있을 뿐이다."라며 유독 쿠르드족을 구조하는 데 소극적인 튀르키예 정부를 비판했다. 반면, 앙카라 출신 하즈 살르시는 "죽고 싶은 심정이었지만 정부가 큰 도움이 주어 버티고 있다."고 했다.

지진의 피해 지역이 하필 쿠르드족이 많이 살고 있는 곳이라 사회 갈등이 더욱 두드러져 보이는 것 같다. 한 구조 현장에서는 쿠르드족 주민들과 구조 활동 중인 군인들이 격한 갈등으로 단체로 주먹다짐을 벌이기도 했다. 튀르키예 정부가 의도적으로 쿠르드족 구조를 배제했다는 쿠르드족 주민들의 주장이 사실이라면, 재난의 상황에서도 차별받는 쿠르드족의 현실이 참으로 안타깝다.

또 다른 속삭임,
미국은 다를 줄 알았으나 또다시 이용당하다

미국은 지난 100년간 쿠르드족을 이용해 왔다. 가장 대표적인 사례인 '2003년 미국의 이라크 침공'을 들여다보자. 미국은 이라크 전쟁을 벌이는 몇 가지 명분을 내세웠다. 그중 하나는 2001년 미국 뉴욕에서 생긴 9·11 테러다. 테러를 일으킨 알카에다 세력과 당시 이라크 정부인 후세인 정권이 긴밀한 관계라고 주장했다. 또 다른 명분은 이라크가 대량 살상 무기를 지녀 세계 평화를 위협한다고 주장했다. (사실, 이 두 가지 명분은 진실이 아니라는 것이 전쟁 이후에 드러났다.)

이러한 미국의 명분은 국제적으로 지지를 얻기에는 근거가 턱없이 부족했다. 많은 나라가 지지를 거부하거나 정치적인 지원만을 원했다. 위기를 느낀 미국은 쿠르드족에게 관심을 두기 시작했다. 미국은 이라크 후세인 정권이 이라크 북부에 살고 있는 쿠르드족을 화학 무기로 학살한 것을 언급했다. 민간인을 학살한 국제 범죄자이기 때문에 침략은 정당하다는 것을 내세우며 쿠르드족의 환심을 산 것이다. 이에 이라크 북부 쿠르드족은 병력 7만여 명을 동원해 미국을 도왔다. 목숨을 건 처절한 싸움에는 독립 국가를 간절히 원하는 쿠르드족의 염원이 담겨 있었다.

이후 이라크 후세인 정권이 무너지고 미국이 승리하자, 쿠르드족은 미국의 보호 아래 이라크 북부 쿠르디스탄 지역에 쿠르드 자치 정부를 세웠다. 그리고 자신의 세력을 키워 갔다. 이 시기에 미국의 동맹국인 우리나라도 자이툰부대(공식 명칭:이라크 평화·재건 사단)를 쿠르디스탄 지역(아르빌)에 보냈다.

자이툰부대는 전쟁과 테러 등으로 망가진 아르빌 지역을 복구하도록 도왔다. 도시의 외관을 정비하는 것은 물론, 미래를 위한 교육에도 앞장섰다. 문맹자 교실, 기술교육대를 운영하며 많은 졸업생을 배출했다. 또, 자이툰 병원을 운영하며 의료 지원을 아끼지 않았다. 이에 주민들은 자이툰부대를 '신이 내린 선물'이라고 부를 정도로 좋아했다.

그러나 찬란할 것만 같던 쿠르드족의 희망은 한순간에 무너졌다. 그 시작은 미국이 쿠르드족에 대한 지원을 끊으면서부터다. 심지어 2007년 10월, 이라크 점령국이었던 미국은 국경을 넘어서까지 쿠르드족을 공격하는 튀르키예의 탄압을 승인했다. 또 한 번, 강대국의 배신에 쿠르드족은 절망하게 되었다.

한편, 시리아의 쿠르드족은 최근까지 미국과 힘을 합쳐 이슬람 무장 단체인 IS를 공격했다. 이에 시리아에도 자치 지역이 만들어지기도 했다. 미국 군대가 시리아에 주둔하며 사실상 쿠르드족의 방패가 되어 주었다. 그렇게 또다시 쿠르드족은 독립 국가의 가능성을 그렸다. '이번에는 다를 것이다.'라는 부푼 꿈을 꾼 것이다.

이러한 움직임에 튀르키예는 위기를 느꼈다. 미국을 등에 업은 시리아 쿠르드족이 튀르키예 쿠르드족과 힘을 합쳐 진짜 독립 국가를 세우는 것은 아닐지 걱정되었기 때문이다. 튀르키예는 승부수를 띄웠다. 시리아 쿠르드족을 공격할 것이라고 선언한 것이다.

여기서부터 미국은 흔들렸다. 또 다른 동맹국인 튀르키예를 무시할 수 없었기 때문이다. 결국 당시 미국 대통령인 트럼프는 시리아 북부 지역에서 군대를 철수하기로 결정했다. 대놓고 말하지는 않았지만, 사실상 튀르키예의 공격을 지지한 셈이다. 믿는 도끼에 발등 찍힌 쿠르드족 주민들은 철수하는 미국 군대 차량을 향해 썩은 과일, 감자 등을 던졌다. 끊임없는 배신에 그들의 허탈함이 얼마나 클지, 상상하기 힘들 정도다.

쿠르드족의 오랜 속담이 유명하다. '산만 있고, 친구는 없다.' 반복된 배신의 역사에 믿고 의지할 데 없는 쿠르드족의 처지가 더욱 쓸쓸하게 느껴진다.

쿠르드족의 결말은 과연 해피 엔딩일까?

2024년 1월 14일, 튀르키예 슈퍼리그 축구 경기에서 골을 넣은 사기브 예헤즈켈 선수가 경기가 끝난 후에 체포되었다. 문제는 골 세리머니였는데, 그는 '사람들을 증오와 적대감으로 선동한 혐의'로 조사를 받았다. 이스라엘 출신인 예헤즈켈이 세리머니에서 보인 손목에는 '100일, 10월 7일' 문구와 유대교를 상징하는 다윗의 별(✡)이 그려져 있었다. 경기가 열린 날은 이스라엘-팔레스타인(하마스) 전쟁이 열린 지 100일째 되는 날이었다. 튀르키예에서는 해당 선수가 이스라엘의 하마스 공격을 지지하는 메시지를 전달한 것에 대해 수많은 비판이 쏟아졌다. 예헤즈켈은 조사를 받고 바로 석방되었지만 구단 측이 선수 명단에서 제외시켜서 본국으로 돌아가야 했다.

튀르키예는 이스라엘-팔레스타인(하마스) 전쟁에서 팔레스타인 하마스를 지지한다. 이스라엘과는 다음처럼 날선 메시지를 주고받으며 서로의 신경을 건드리기도 한다.

“네타냐후가 저지른 짓이 히틀러보다 덜한가?”

_에르도안 튀르키예 대통령

“쿠르드족 학살자, 설교할 자격 없어…”

_네타냐후 이스라엘 총리

튀르키예가 이스라엘에 대한 적대적인 감정을 대놓고 드러내는 이유를 쿠르드족에게서 찾기도 한다. 이스라엘과 쿠르드족은 우호적인 관계이기 때문이다. 이스라엘은 민족의 독립된 나라를 이루었다는 점에서 쿠르드족의 롤 모델이라고 할 수 있다. 급기야 튀르키예는 사이가 그다지 좋지만은 않았던 이란과도 협력하는 모양새다. 두 나라는 쿠르드족의 힘을 꺾으려 한다는 것과 이스라엘을 경계하고 팔레스타인을 지지한다는 공통분모가 있어 손을 잡은 것이다.

2024년 1월 24일, 에브라힘 라이시 이란 대통령과 에르도안 튀르키예 대통령은 앙카라에서 회담을 갖고 공동 기자 회견을 열었다. 회담에서 두 나라는 이스라엘에 대해 같은 생각을 나눈 것으로 보인다. 에르도안 튀르키예 대통령은 “테러 전쟁에서 이란 편에 서겠다.”라고 말했다. 그러면서 두 나라는 각자 쿠르드족 자치 지역을 향해 무력 공격을 퍼붓고 있다.

중동은 이전과 다른 긴장감이 감돌고 있다. 앞으로 중동에 거센 피바람이 불지는 않을지 걱정된다. 쿠르드족은 단지 나라가 갖고 싶을 뿐인데, 쉽게 허락되지 않을 것 같다. 크게 네 개의 나라로 흩어져 오랜 시간을 보내온 쿠르드족은 시간이 흐를수록 문화나 언어와 같은 민족의 정체성이 흐려지고 있다. 그에 따라 내부에서도 점점 입장 차이가 벌어지고 있다. 이 모든 것을 극복하려면 민족의 강력한 지도자가 나타나야 한다. 강력한 지도자가 중심을 잡고 흩어진 쿠르드족을 모으고, 이끌어야 한다. 과연 쿠르드족의 미래는 어떻게 될까? 세계 시민으로서 관심을 두고 지켜보자.

분쟁의 스테디셀러, 이스라엘과 팔레스타인 전쟁

영토와 종교가 얽매인 중동 분쟁

이스라엘-팔레스타인 전쟁이
하버드생 취업이 미치는 영향은?

2023년 10월, 전 세계인들을 경악하게 한 이스라엘-팔레스타인 (하마스) 전쟁이 시작되었다. 이번 전쟁이 시작된 사정은 이랬다. 이스라엘이 팔레스타인 거주지인 가자지구에 유대인 정착촌을 넓히며 압박해 오자, 팔레스타인 무장 정파인 하마스가 불만을 품고 이스라엘을 공격하고 민간인을 납치한 것이다. 이에 이스라엘은 팔레스타인 가자지구를 전면 봉쇄하고 지상 공격을 전면적으로 실시했다. 이 과정에서 누가 선이고, 누가 악인지 모를 만큼 양측 모두 잔인한 전쟁을 지속했고, 아무 죄 없는 민간인들이 죽었다. 정확한 수를 알 수는 없지만, 민간인 수천 명이 사망했고 부상을 입었다.

전쟁이 일어난 2023년 10월, 미국 명문대학교인 하버드대학교의 35개 단체에 속한 학생들은 다음과 같은 성명서를 발표했다.

"모든 폭력은 이스라엘에 전적으로 책임이 있다."

이 성명서는 미국 전역을 발칵 뒤집었다. 하버드대학교 학생들의 움직임은 콜롬비아, 코넬, 예일 등 인근의 대학까지 확산되어 반(反) 이스라엘 운동으로 이어졌다. 이스라엘에 반대하고 팔레스타인을 지지한다는 것은 기독교 국가인 미국에서 이슬람교를 지지하는 것과 같은 충격이었다.

미국에서 사는 유대인들 중에서는 금융업계에서 내로라하는 큰 재력가들과 유명인들이 많다. 유대인 헤지펀드 경영자 빌 애크먼은 하버드대학교에서 성명에 참여한 학생들 명단을 공개하고 기업들은 이들을 채용하지 말자고 촉구했다. 유대인을 비롯한 몇몇 기업인들도 이런 요구를 지지하자, 일부 학생들은 성명서를 철회하는 등 큰 긴장을 불러일으켰다.

미국의 학생들이 성명서를 낸 이유는 바로 끝나지 않을 것 같은 '이스라엘-팔레스타인 전쟁' 때문이다. 이 전쟁은 2023년 10월 7일에 시작되어 휴전 협상 논의에도 불구하고 2025년 초반까지 지속되고 있다. 물론 2023년에 처음 시작된 전쟁은 아니다. 우리가 익히 들어 본 것처럼 두 나라의 싸움은 마치 분쟁의 스테디셀러처럼 꾸준히 있어 왔다.

이스라엘-팔레스타인 전쟁은 미국은 물론 전 세계인들과 얽혀 있다. 두 나라의 전쟁을 보며 우리는 궁금증이 생길 수밖에 없다. 첫 번째는, 이스라엘과 팔레스타인은 어떤 관계이기에 이렇게 싸우는 것이고, 두 번째는 가자지구는 어떠한 곳이기에 이스라엘과 팔레스타인 간의 전쟁터가 된 것일까? 이 두 가지 궁금증을 차근차근 지리의 렌즈를 통해 알아보자.

중동 분쟁의 스테디셀러가 되다

이스라엘과 팔레스타인 분쟁 얘기를 꺼내면 으레 '분쟁의 스테디셀러'라는 말을 한다. 그만큼 오래되고 잦은 분쟁에 전 세계 사람들은 무뎌지고 덤덤해졌다. 그들은 어쩌다 그렇게 끊임없이 싸우게 되었을까? 그들의 싸움이 영토 분쟁인지, 종교 분쟁인지, 민족 분쟁인지도 명확하게 말할 수 없다. 왜냐하면 그 모든 것이 얽힌 분쟁이기 때문이다. 이것이 두 나라의 분쟁이 끊이지 않는 이유다. 그리고 이렇게 많은 이유들이 얽히게 된 사정을 살펴보자.

먼저 팔레스타인이나 이스라엘이 국가인지 민족 이름인지, 혹은 특정 지역을 말하는 건지 명확하게 알지 못하는 이들이 많다. 팔레스타인(Palestine)은 현재 '국가'를 의미하는 말이지만 본래는 팔레스타인 '지역'을 일컫는 말이었다. 이것은 팔레스타인의 어원에서도 확인할 수 있다.

첫 번째 어원은 기원전 5세기 고대 그리스의 역사학자 헤로도토스가 페니키아와 이집트 사이의 팔라이스티네(Palaistinê)라 불리는 시리아 지역 일대를 일컫는다고 했다. 두 번째는 7세기 아랍국이 이 지역을 정복한 이후 아랍어로 '필리스틴(فلسطين)'이라 불렀고, 오늘날 '팔레스타인(Palestine)'이라는 용어를 일반적으로 쓰게 되었다. 문헌에 의하면 팔레스타인 지역은 대략 이집트 동쪽에서 현 이스라엘~시리아 범위의 지역을 일컫는 말이다. 팔레스타인에 거주하는 사람들을 팔레스타인인이라고 불렀다.

하지만 과거와 달리 현재 팔레스타인은 그 지역의 모든 범위를 가리키는 말은 아니다. 왜냐하면 제국주의 열망으로 시작된 1917년 밸푸어 선언과, 1947년 UN 분할 결의안 같은 역사적인 사건들로 인해 팔레스타인 지역이 쪼개졌기 때문이다. 어떤 사건들인지 지도와 함께 시공간적으로 들여다보자.

이 비극은 영국의 양다리(?) 정책에서 시작되었다. 1차 세계대전 중인 1915년, 영국의 맥마흔 경은 오스만 제국과의 전쟁에서 이기기 위해 아랍인들을 이용했다. 아랍인들이 오스만 제국 내부에서 반란을 일으켜 전쟁을 돕는다면 팔레스타인을 포함한 아랍 국가들의 독립을 보장해 주겠다고 약속했다. 이것을 '맥마흔 선언'이라고 한다.

하지만 2년이 흘러 1917년이 되자 영국은 전쟁 비용을 마련해야 했다. 영국 외무장관 아서 밸푸어(Arthur Balfour)는 당시 유럽 금융계의 큰 손인 유대인 출신 로스차일드 남작에게 다음과 같은 편지를 보낸다.

'영국 정부는 팔레스타인에 유대인을 위한 민족적 고향 수립을 찬성하고 이를 위해 최선을 다하겠다.'

이것을 '밸푸어 선언'이라고 한다. 이 편지가 바로 팔레스타인에 유대인 국가를 세우는 것에 대한 당위성이 되어 준다.

이렇게 영국은 맥마흔 선언과 밸푸어 선언이라는 서로 충돌하는 약속을 각각 아랍인과 유대인 양측에 한 것이다. 이렇게 해서 팔레스타인 지역을 두고 아랍 국가와 유대인 사이의 깊은 갈등이 시작된 것이다. 전쟁이 끝나고 영국은 아랍 독립 국가를 세우게 한다는 약속을 지키지 않는다.

한편 밸푸어 선언으로 나라를 세우는 것을 약속받은 유대인들은 팔레스타인으로 대규모 이주를 시작했다. 이 이주 행렬을 '알리야(Aliyah)'라고 한다. 유대인들이 이주해 정착하자 원래 팔레스타인에 거주하던 아랍인들과의 충돌이 심해졌다. 이 충돌을 해결하기 위해 영국은 팔레스타인을 아랍인 영토와 유대인 영토로 분할하는 방안을 검토했지만 거센 반발로 무산되었다. 결국 1947년 2월 영국은 팔레스타인 위임 통치를 포기하고 국제연합(UN)에 팔레스타인 문제를 떠넘긴다.

국제연합은 1947년 11월 29일 팔레스타인 특별 위원회를 구성해 팔레스타인 영토를 아랍인과 유대인의 '두 개 국가로 분할하는 방안'을 의결한다. 이 내용과 함께 종교적으로 협의할 수 없는 예루살렘과 베들레헴은 국제연합이 관할하는 중립 공간으로 남겨 두는 내용까지 함께 결정했다.

결의안을 토대로 '가자지구'와 '서안지구(웨스트뱅크)'는 팔레스타인(아랍인)의 영토로, 나머지는 유대인의 영토로 나뉘었다. 이 결과,

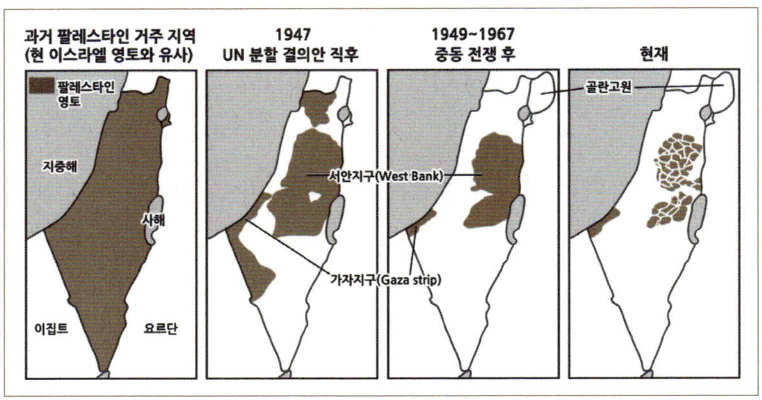

▲ 이스라엘과 팔레스타인의 영토 변화

1948년 유대인들은 이스라엘의 독립을 선포하며, '이스라엘'이라는 국가를 세웠다.

허나 아랍인들은 자신들이 살아온 땅에 이스라엘이 세워지는 것을 인정할 수 없었다. 아랍인들의 저항으로 1949년부터 1967년까지 약 18년 동안 총 3차례 '중동 전쟁'이 일어났다. 그 결과 이스라엘이 더 많은 영토를 점령하면서 이스라엘의 영토는 처음보다 더 늘어나게 되고, 팔레스타인 영토는 더 줄어들었다.

그러자 1964년에 아랍인들은 팔레스타인해방기구(Palestine Liberation Organization, PLO)를 조직해 잃어버린 땅을 되찾고 독립적인 국가를 세우기 위한 투쟁 활동을 시작했다. 여기서 이스라엘에 대한 저항 운동인 '인티파다(Intifada)' 또한 시작된다.

인티파다는 아랍어로 '봉기 또는 반란'을 뜻한다. 이스라엘에 저항해 국가를 되찾겠다는 팔레스타인의 정체성을 드러낸다. 팔레스타인의 국가(國歌) 제목이 '인티파다의 노래'인 것처럼 말이다. 그리고 인티파다를 주도한 단체가 팔레스타인 최대 무장 단체인 '하마스(Hamas)'다. 그리고 2023년 10월에 시작된 전쟁도 하마스의 이스라엘 공격으로 시작된 것이다.

1993년 노르웨이 오슬로에서 팔레스타인해방기구와 이스라엘 간 '오슬로 협정'을 맺게 된다. 구소련이 무너진 후 팔레스타인해방기구가 협상을 시도하며 분위기가 바뀌었기 때문이다. 이 협정으로 인해 1994년 9월에 팔레스타인 자치 정부가 출범했으며, 관할 영토도 현재 팔레스타인 영토와 유사한 '가자지구'와 '서안지구'로 결정된다.

이후 2012년 11월 국제연합이 팔레스타인을 옵서버 국가로 인정하며, 팔레스타인 '정부'가 아닌 '국가'로 지위가 상승했다. 함께 팔레스타인의 관할 영토도 인정된 셈이다.

하지만 1995년 오슬로 협정Ⅱ로 인해 서안지구가 한 덩어리가 아닌 구획으로 분할되었으며, 이 지역의 토지를 이스라엘인들이 끊임없이 사들이고 있다. 이로 인해 팔레스타인 거주 지역인 서안지구에서 이스라엘인들의 정착 지역이 늘어나고 있으며 팔레스타인들의 거주지는 계속 쪼개지고 있다. 유대인들은 이렇게 지리적으로 쪼개지게 하여 팔레스타인의 군집과 결속력을 더욱 약하게 만드는 전략을 지속하고 있다.

이 협정의 결과, 이스라엘의 영토 안에 마치 세포처럼 팔레스타인 사람들이 여기저기 분산되어 살아가는 불안정한 형태가 되었다. 이와 같은 국가 형태로 지속적인 영토 분쟁의 씨앗까지 생겨난 셈이다.

가자지구와 서안지구는
어디에 있을까?

팔레스타인 영토는 크게 가자지구와 서안지구로 나뉜다. 그 지역들이 어디이고 어떤 지리적 의미가 있는지 한번 살펴보자. 먼저 가자지구(gaza strip)는 지구 내에서 대표적인 가자 시(gaza city)의 이름을 따서 지은 이름이다. 지구는 일정한 땅 구획을 의미하는 용어다. 따라서 가자지구는 가자 시 일대를 일컫는 말이다.

'가자'란 말은 고대 히브리어로 '강하다'라는 뜻이다. 가자의 위치가 아시아와 이집트(아프리카)를 연결하는 교통의 요충지에 있어, 예로부터 상업과 군사상의 요지 역할을 했기 때문이다. 그래서 팔레스타인은 가자지구를 반드시 손에 넣고자 했다.

또한 가자지구는 이집트와 지리적으로 가까워 아랍인들의 지지와 도움을 받을 수 있는 지역이다. 이와 같은 이유로 팔레스타인 강경파 하마스가 활동하는 주 지역이기도 하다. 반면 아예 동떨어진 위치라 이스라엘에 둘러싸여 있어서 이스라엘이 유대인 정착촌을 늘려가며 더욱 압박을 가하는 곳이다.

두 번째로 서안지구는 영어로 웨스트뱅크로, '웨스트(West, 서쪽)'이라는 단어와 '뱅크(bank, 하안 즉 하천 주변)'이라는 단어가 합쳐진 용어로, '하천의 서쪽'이라는 의미다. 자세히는 '요르단강의 서쪽 지역'을 의미한다. 요르단강은 이스라엘과 요르단의 경계가 되며, 대체적으로 건조한 이 지역의 유일한 강이자 중요한 수자원이다. 따라서 이스라엘과 팔레스타인에게 중요한 의미가 있어 지명에도 사용된 것이다.

추가로 이스라엘을 이야기할 때 자주 나오는 지역이 있다. 바로 '골란고원'이다. 이 지역은 3차 중동전쟁 때 이스라엘이 시리아를 침략해 점령한 영토다. 현재 이스라엘이 실효 지배하고 있지만 국제법상 침략 점령지는 영토로 인정받을 수 없어서 이스라엘 영토로 표기되지는 않는다. 고원(高原)은 해발 고도가 높은 지역을 일컫는 말이다. 골란고원은 이스라엘 북쪽 시리아의 경계에 자리한 해발 고도가 높은 지대다. 해발 고도가 높아 요르단강의 수원지여서 더욱 이스라엘이 놓을 수 없는 곳이다.

2019년 3월 트럼프 미국 전 대통령이 "골란고원에 대한 이스라엘 주권을 인정할 때가 됐다."고 SNS에 글을 올리면서 골란고원이 다시 뜨거운 감자로 떠올랐다. 시리아와 관련된 지역이지만 팔레스타인 단체도 이런 언급에 대해 강한 분노를 나타냈다.

한편 매체에서 이스라엘을 '친서방'이라고 자주 언급한다. 반면 시리아와 팔레스타인은 '동방'으로 나타내고, 동방은 즉 아랍인으로 대변된다. 왜 이러한 구도가 생긴 것일까?

아랍인vs유대인, 동방vs서방, 팔레스타인vs이스라엘

아랍인은 아랍어를 쓰는 민족을 뜻한다. 하지만 많은 사람들이 '아랍인'과 '이슬람교도인(또는 무슬림)'을 혼용해서 쓰며, 거의 같은 의미로 받아들인다. 그 이유는 기후와 문화권에서 찾을 수 있다.

아랍어는 이슬람교 경전인 쿠란의 언어로, 이슬람교와 함께 전파되었다. 이슬람교는 아라바이아 반도에 위치한 사우디아라비아 메카에서 시작되었다. 이 지역은 건조 문화권의 중심부에 위치한 곳이다. 건조 문화권에 거주하는 사람들은 건조한 기후 환경에 적응하기 위해 물과 초지를 찾아 이동하며 사는 유목민의 형태로 살아갔다.

이슬람교와 함께 아랍어는 건조 문화권에서 거주하는 유목민들의 상업 활동과 정복 활동으로 같은 건조 문화권에 속하는 북부 아프리카와 서남아시아, 중앙아시아 등지로 전파되었다. 아랍어는 이슬람교와 함께 전파되었기에 아랍어를 사용하는 아랍인은 이슬람교의 분포와 유사하게 북부 아프리카와 서남아시아 일대에 퍼지게 되었다.

이로 인해 아랍인이 이슬람교도인을 뜻하게 되었고, 팔레스타인 지역에 사는 아랍인이기도 한 팔레스타인인이 이슬람교도인으로 상징되게 되었다.

유대인은 유대교를 믿는 사람들이라는 의미다. 유대인은 전 세계 종교 인구에서 1% 미만으로 아주 적은 편이다. 그런데 그 적은 인구 대부분이 이스라엘과 미국에 산다. 이스라엘은 앞서 보았듯이 유대

▲ 세계의 문화권

인들이 이주해서 건설된 국가다. 그래서 이스라엘인을 곧 유대인이라고 여긴다. 제2차 세계대전 이후에 지정학적으로 서방을 대표하는 국가가 유럽에서 미국으로 바뀌면서, 유대인이 많은 미국으로 친미 정책을 펼치는 이스라엘은 친서방이 된 것이다. 결과적으로 이스라엘은 곧 유대교이자 '서방'으로 나타나며, 이에 대비되어 아랍은 이슬람교이자 '동방'으로 나타나게 되었다.

팔레스타인과 이스라엘은 국가 이름이기도 하지만, 팔레스타인은 '이슬람교도인(무슬림)'을 상징하며, 이스라엘인은 '유대교인'을 상징한다. 민족 이름이 종교인을 상징하는 것처럼 이들에게 종교는 큰 의미를 갖는다. 그러므로 이번에는 이스라엘과 팔레스타인 분쟁에 얽힌 종교 이야기를 살펴보겠다.

'기쁘다 세 구주 오셨네'
세 종교의 탄생지이자 성지

아마 대부분 '예루살렘'이라는 지명을 들어 봤을 것이다. 마치 하나의 국가처럼 여겨지나 국가는 아니고 이스라엘이 수도로 주장하는 도시다. 하지만 예루살렘은 현재 어느 나라의 소유도 아닌 곳이다. 왜냐하면 유대교, 이슬람교, 크리스트교 세 종교의 성지로서 서로 자신들의 장소라고 주장하여 중립 상태로 두었기 때문이다.

유대교, 이슬람교, 크리스트교의 근원은 같다. 성경에 나오는 아브라함을 조상으로 여기며 유일신을 숭배하는 아브라함 종교(Abrahamic Religion) 계통이기 때문이다. 이슬람교는 성경과 관련 없다고 생각될 수도 있겠으나 이슬람교의 성서인 쿠란은 성경의 경전을 계승하는 제3의 경전이다. 게다가 아브라함이 이슬람을 창시한 이슬람 신앙 최초 인물로 간주한다.

아브라함은 구약성서 창세기에 기록된 인물로 메소포타미아에서 태어났으나 가나안 땅, 즉 지금의 예루살렘 일대로 이동해 활동한다. 그러므로 예루살렘이 세 종교가 근본적으로 열망하는 곳이자 성지가 될 수밖에 없는 것이다.

예루살렘에는 유대교, 이슬람교, 크리스트교의 성지가 있다. 먼저 유대교의 성지인 '통곡의 벽'이 있다. 통곡의 벽은 73년 로마 제국의 군대가 예루살렘을 함락하고 유대인의 성전을 헐어 버렸으나, 축대가 세워진 서쪽 벽만은 허물지 않고 남긴 것이다. 통곡의 벽은 유대

▲ 통곡의 벽　　　　https://pixabay.com/photos/prayer-wailing-wall-the-jews-650426/

교 대성전의 유물이자, 로마 제국에 의해 예루살렘에서 쫓겨나 유럽 각지로 흩어지게 된 이후 예루살렘이 유대교의 근거지임을 주장할 수 있는 물적 증거다. 유대인들이 아주 중요하게 여길 수밖에 없는 곳이다. 그래서 유대인들은 이곳을 '약속의 땅'이라고도 부른다.

이러한 통곡의 벽은 이슬람교의 성지이기도 하다. 왜냐하면 이슬람교의 창시자 무함마드가 승천했다고 여겨지는 '바위 돔(Dome of the Rock)'이 있는 성지 구역의 서쪽 벽에 해당하기 때문이다. 그래서 통곡의 벽을 맞대고 서쪽엔 유대인이, 동쪽엔 이슬람교도들이 대립한다.

실제로 1929년에 이슬람교도인(팔레스타인)들에게 관할권이 있었던 통곡의 벽을 유대인들이 훼손해 일명 '통곡의 벽 사건'으로 불리는

▲ 예루살렘 올드시티

유혈 사태가 일어났다. 이후 지금까지 이곳은 벽을 맞대고 두 종교의 긴장감이 팽팽하게 맴도는 일촉즉발의 장소다. 그런 곳에서 미국 전 대통령 트럼프가 2017년 12월 예루살렘을 이스라엘, 즉 유대인들의 땅으로 인정하는 일명 '예루살렘 선언'을 해서 분쟁은 더욱 심해졌다.

마지막으로 예루살렘은 크리스트교의 성지인 '성묘 교회'와 '십자가의 길'이 있는 곳이다. 성묘 교회는 예수가 십자가형을 당하고 무덤에 매장된 곳에 지어진 교회다. 이곳에서 예수가 묻히고 사흗날에 부활했다고 믿고 있는 종교적 성지다. 또한 이 교회 내부에 예수가 십자가를 짊어지고 걸었다는 십자가의 길 일부가 있다.

현재 세 종교가 공존할 수 있도록 성지가 있는 예루살렘의 올드시티(old city)는 종교별로 세 권역으로 나누어져 있다. 비교적 덜 알려진 아르메니아인의 구역이 있으나 이는 생략하기로 한다. 예루살렘은 히브리어로 '평화의 도시'라는 뜻이다. 평화를 위해 세 종교가 태어난 곳이기도 하지만, 역설적이게도 현재는 세 종교의 긴장감만이 맴도는 곳이다. 그렇다면 어떻게 예루살렘이 세 종교의 근원지가 될 수 있었고, 끊임없이 열망할 수밖에 없는 곳인지를 지리적인 측면에서 이야기해 보자.

166

트럼프의 '예루살렘 선언'

2017년 12월 6일, 트럼프 미국 대통령은 이스라엘의 실질적인 수도인 텔아비브에 있는 미국 대사관을 예루살렘으로 옮길 것이라고 선언했다. 이 선언을 일명 '예루살렘 선언'이라고 한다.

예루살렘은 UN 결의안과 국제법상 어떠한 국가에도 속하지 않은 중립 지역이다. 이러한 상황에서 이스라엘 미국 대사관을 예루살렘으로 옮긴다는 것은 예루살렘이 이스라엘의 공식적인 수도라고 인정하는 것이 된다. 이에 세계 곳곳에서 예루살렘 선언에 반대하는 시위가 일었다.

이와 같은 갈등이 있음에도 불구하고 반년이 채 지나지 않은 2018년 5월 14일, 예루살렘에 미국 대사관을 개관했다. 이날 오후 가자지구와 서안지구의 팔레스타인인들은 이스라엘의 팔레스타인 불법 점거에 항의하고자 2017년 3월 말부터 지속해 온 '위대한 귀환 행진'을 최대 규모로 벌이며 격렬하게 항의했다. 이스라엘군이 실탄을 쏘며 진압해 이날 오후까지 팔레스타인인 최소 41명이 숨지는 유혈 사태가 벌어졌다.

세 대륙과 두 대양을 잇는 요충지,
예루살렘이 세 종교의 근원지가 된 지리적 이유

　예루살렘의 입지가 얼마나 중요한지를 알아볼 수 있는 옛 지도가 있다. 중세에 만들어진 세계 지도 '헤리퍼드 마파문디(Hereford Mappa Mundi)'다. 이 지도는 약 13세기경 중세를 지배했던 크리스트교적 세계관을 토대로 만들어졌다. 그래서 지도의 중심에는 크리스트교의 성지인 '예루살렘'이 있다. 예루살렘을 중심으로 하고, 지도의 위에 동쪽을 상징하는 에덴동산을 나타내고자 했기 때문에 현재 우리가 사용하는 방위와 다르다. 마파문디 지도의 방위는 지도의 위가 동쪽이며 지도의 아래가 서쪽이고 왼쪽이 북쪽, 오른쪽이 남쪽이다. 이처럼 다른 방위를 통해서 예루살렘 즉, 이스라엘의 위치가

▲
헤리퍼드 마파문디

지닌 강점을 더욱더 잘 볼 수 있다.

예루살렘은 아프리카와 아시아 그리고 유럽 대륙을 잇는 지리적 중심지에 자리한다. 육지뿐만 아니라 바다를 보아도 예루살렘이 있는 이스라엘의 위치가 중심지에 있음을 알 수 있다. 홍해와 지중해를 잇는 연결 통로에 자리하기 때문이다. 지리적으로 더욱 넓혀 생각해 보면 홍해는 인도양과 연결되며, 지중해는 대서양과 연결되므로 결국 이스라엘은 두 대양을 잇는 요충지에 있는 셈이다.

세 대륙과 두 대양을 연결하는 통로에 위치한다는 것은 교통 중심지를 넘어선 의미를 지닌다. 사람을 통해 문화도 뻗어 나갈 수 있으므로 많은 사람들과 문화가 이곳에서 시작해 서쪽으로는 유럽, 동쪽으로는 아시아, 서남쪽으로는 아프리카로 뻗어 나갈 수 있다. 세 종교의 근원지가 될 수 있었던 것도 이 지리적 위치가 지닌 이점을 무시하지 못할 것이다.

전쟁은 또다른 디아스포라를 만들게 되고

팔레스타인과 유대인 관련 뉴스를 보면 '디아스포라'라는 말이 종종 나온다. 디아스포라란 '흩뿌리거나 퍼트리는 것'을 뜻하는 그리스어 단어 διασπορά(디아스포라)에서 나온 말이다. 고대 바빌론인 본토를 떠나 다수의 지역으로 분산된 '유대인'을 지칭하는 개념에서 유래했다. 현재는 그 의미가 확장되어 유대인에 한정되지 않고, 민족의 정체성을 갖고 고향을 떠나 전 세계에 흩어져 있는 민족들을 지칭하는 용어로 사용된다. 유대인이 이스라엘에 대한 열망을 갖는 종교 외의 원인을 디아스포라의 역사를 통해 알 수 있다.

기원전 250년경에 유대인들은 팔레스타인 지역에 살고 있었다. 하지만 로마 제국이 팔레스타인 지역에서 유대인들을 쫓아내면서 유럽 전역과 아시아 일부로 뿔뿔이 흩어졌다. 여기에도 지리적 이유가 숨어 있는데, 팔레스타인 지역이 아시아와 유럽을 잇는 지리적 요충지였기 때문에 유럽 전역과 아시아 일부로 흩어지기 좋았던 것이다.

살던 땅에서 쫓겨나 흩어지게 된 유대인이지만, 역설적이게도 지금 팔레스타인에서는 유대인 때문에 살던 땅에서 쫓겨나는 사람들의 또 다른 디아스포라가 시작되고 있다. 하지만 엄밀하게 이야기하면 지금 팔레스타인에서 일어나는 디아스포라는 고향 땅을 찾으려는 유대인 때문이라기보다는 영국의 이중 계약과 제국주의의 이권 다툼 때문이라고 볼 수 있다.

이스라엘과 팔레스타인 분쟁은 처음부터 두 민족 혹은 두 국가만의 책임이 아니었다. 세계가 모두 연결되는 시대가 되면서 더더욱 두 국가만의 몫은 아니게 되었다. 실제 2023년 10월 이스라엘과 팔레스타인 전쟁 이후 석유 가격이 오르며 물가가 오를 우려를 낳았다. 또한 난민이 생겨나 난민들의 이주 문제로 세계는 끊임없이 영향을 주고받고 있다. 그러므로 우리는 두 나라의 문제를 강 건너 불구경하듯이 보아서는 안 된다. 국제적으로 협력하여 해결할 수 있도록 모두 머리를 맞대고 손을 잡아야 할 것이다.

"여자도 군대를 간다고?"

우리나라를 포함하여 대부분의 국가들이 남성 징병을 기본으로 한다. 하지만 이스라엘은 여성도 군인으로 징집하는 세계에서 몇 안 되는 국가 중 하나다. 이스라엘에서는 여성 군인이 총을 들고 부대의 경계선이나 각종 출입문에서 경계와 감시 임무를 맡는 모습을 볼 수 있다. 이 모습이 굉장히 이색적으로 느껴져서 많은 여행 유튜버들이 콘텐츠로 제작했으며, 영화의 소재로도 사용되었다.

그렇다면 이스라엘에서는 왜 여자들도 군대를 가는 걸까? 답은 바로 '분쟁'에 있다. 지속되는 분쟁으로 전쟁이 시급해져 여성들도 강제 징집이 된 것이다. 이스라엘의 군대 규정에 따르면 18세에 달한 남녀 중 남성은 3년, 여성은 21개월을 복무한다.

또한 이스라엘은 '분쟁'으로 인해 전쟁이 빈번하고 테러 등의 문제를 자주 겪어 정규군뿐만 아니라 예비군도 많은 비중을 차지한다. 이스라엘의 예비군은 '모든 시민은 1년 중 11개월의 휴가 상태에 있는 병사'로서 남성은 55세, 여성은 50세까지 의무가 있다. 이처럼 남성은 물론 여성도 징병제의 대상으로 모든 국민에게 예비군의 의무가 있다는 것이 이스라엘의 특수성을 보여 준다.

유럽에서 부는
독립의 바람

유럽의 분리 독립 분쟁

올림픽에는 있지만,
월드컵에는 없는 팀은?

올림픽에서는 있는 팀이지만, 월드컵에서는 볼 수 없는 팀이 있다. 바로 '영국'이다. 올림픽에서는 영국이라는 하나의 팀이 있지만, 월드컵에서 영국은 각기 다른 4개의 팀으로 나누어 출전한다. 잉글랜드, 웨일즈, 북아일랜드, 스코틀랜드, 총 네 개의 팀이 마치 각각 다른 국가처럼 각기 다른 마크와 국가(國歌)를 갖고 예선과 본선을 치른다.

2022년 카타르 월드컵에서 역사상 첫 영국 더비, 즉 영국 내 지역 간 라이벌 경기로 주목을 끌었던 경기가 있다. 바로 '잉글랜드'와 '웨일즈'의 경기였다. 카타르 월드컵 경기장에서 웨일즈의 국가가 울려 퍼졌을 때, 웨일즈 팀의 팬들은 눈물을 글썽였다. 웨일즈 단독 국가(國歌)가 경기장에 울려 퍼진 것이 웨일즈의 팬들과 지역민들에게는 우리의 지역이 독자적인 정체성을 가진 하나의 국가로 인정받은 것

▲ 잉글랜드 국기   ▲ 북아일랜드 국기   ▲ 스코틀랜드 국기   ▲ 영국 국기

처럼 다가왔기 때문이다.

왜 영국만 네 팀으로 월드컵에 출전할 수 있는 것일까? 어떤 이는 영국이 축구의 종주국으로서 소위 축구의 규칙을 만든 국가이기 때문이라고 할 것이다. 물론 그와 같은 이유도 일부 있지만, 여기에는 많은 지리적인 이야기들이 담겨 있다.

영국을 영어로 쓰면 'United Kingdom'이다. 직역하면 '연합 왕국'이라는 의미다. 왜냐하면 영국은 북아일랜드, 스코틀랜드, 웨일즈, 잉글랜드 4개의 자치구가 연합해 만들어진 연합국이기 때문이다. 쉽게 말하면 각기 하나의 국가 같았던 4개의 자치 지역이 수도인 런던이 있는 잉글랜드를 중심으로 해서 하나의 영국으로 합쳐진 것이다. 그래서 영국의 국기(國旗)는 웨일즈를 제외하고, 북아일랜드와 스코틀랜드 그리고 잉글랜드의 국기를 합친 모습이다.

한 지붕 네 가족,
핵가족으로 독립하고 싶어 하는 가족

하나의 영국으로 있지만 네 지역은 지리적인 정체성이 굉장히 다

르다. 수도 런던이 있는 잉글랜드 외의 세 지역은 특히나 영국이라는 정체성과는 다르다. 먼저 북아일랜드는 심지어 영국 본섬과 떨어진 별개의 섬이다. 두 번째로 웨일즈는 면적이 넓지 않고 잉글랜드와 붙어 있어 분리 독립의 움직임이 가장 적다.

하지만 스코틀랜드는 북부에 독립적으로 위치한데다 꽤나 큰 면적을 차지하고 있어 잉글랜드의 영향권에서는 아주 멀고 단독적인 정체성을 유지할 수 있었다. 그래서 스코틀랜드의 분리 독립을 향한 움직임은 영화 '브레이브 하트'에 나온 것처럼 꽤나 오래전부터 있었다. 그러다 영국이 유럽연합(EU)을 탈퇴하려는 이야기가 시작되었을 때부터 본격적으로 다시 거론되어 현재도 분리 독립에 관한 이야기가 나오고 있다.

영국 정당에서 유럽연합의 탈퇴가 언급된 2013년 이후에 스코틀랜드에서는 2014년에 분리 독립에 대한 국민 투표를 진행했다. 결과는 반대 55.3%, 찬성 44.7%으로 부결되어 영국에서 분리 독립하는 것이 실패했다. 하지만 이와 같은 대대적인 투표를 시행한다는 것 자체가 많은 스코틀랜드인들이 영국에서 분리 독립을 원한다는 메시지를 남겨 주었다.

이후 2016년 영국이 유럽연합을 탈퇴하려는 '브렉시트' 투표에서도 스코틀랜드는 극명하게 독자적인 움직임을 보였다. 영국의 4개 자치구 중 유럽연합의 잔류를 가장 많이 찬성한 지역이었던 것이다. 하지만 투표 결과 과반수가 탈퇴 쪽이었기 때문에 영국은 유럽연합을 탈퇴했다. 그러자 스코틀랜드의 분리 독립을 향한 목소리는 더욱

▲ 영국의 4개의 연합 지역

커졌다. 2023년 영국에서 분리 독립하는 것에 대한 국민 투표가 예정되어 있었지만 영국 정부의 반대로 무산되었다. 이렇게 왜 스코틀랜드가 계속 분리 독립을 원하며 다른 정체성을 갖는지 지리의 렌즈로 살펴보자.

먼저 '자연 지리적'으로 큰 차이가 있다. 지형적으로 잉글랜드 지역은 대부분 평야 지역이다. 하지만 북부에 해당하는 스코틀랜드는 지형적으로 험준하고 평지가 부족하다. 서부에 있는 웨일즈도 마찬가지다. 그래서 다른 지역과 교류하기가 쉽지 않아 그 지역만의 독자적인 문화가 만들어졌다. 기후적으로도 차이가 있는데, 스코틀랜드는 위도상 더 북쪽에 있기 때문에 겨울이 더 춥고 여름은 서늘하다.

두 번째로 '민족'적인 측면에서 차이가 있다. 우리가 아는 영국인은 대부분 '앵글로색슨족'이다. 반면, 스코틀랜드와 웨일즈는 '켈트족'이 대다수를 차지한다.

세 번째로 자연 지리적인 차이로 인해 '의복' 문화에도 차이가 있다. 잉글랜드 하면 영화 '킹스맨'과 같이 트렌치코트를 입고 중절모를 쓰고 우산을 든 모습을 떠올린다. 반면 스코틀랜드의 의복은 전혀 다르다.

스코틀랜드 전통 의상은 타탄체크 무늬의 '킬트'로, 한 번쯤 보았을 것이다. '남자가 치마를 입는다?'는 소재로 화젯거리가 많이 되지만, 스코틀랜드의 기후에 적합하게 만들어진 옷이다. 앞서 언급했지만 스코틀랜드는 잉글랜드보다 더 높은 위도에 위치해 겨울과 여름의 기온 차이가 크다. 그래서 이에 대응할 수 있는 복장이 필요했다. 주름진 치마

▲ 스코틀랜드 전통 의상 '킬트'

는 여름에는 공기 순환을 원활하게 하는 반면, 겨울에는 따뜻한 공기를 몸 가까이 가두게끔 한다. 상의는 다양한 옷을 겹쳐 입을 수 있도록 만들어져 겨울에는 따뜻한 재킷을, 여름에는 가벼운 셔츠를 입을 수 있게끔 디자인되었다.

네 번째로 '종교'로도 큰 차이가 있다. 영국의 네 지역은 같은 크리스트교(기독교)이지만, 개신교인지 가톨릭(구교)인지가 다르고, 같은 개신교일지라도 종파가 서로 다르다. 먼저 잉글랜드는 크리스트교에서도 개신교인 '성공회'가 주요 종파다. 웨일즈의 종교는 잉글랜드와 같은 성공회다. 스코틀랜드는 개신교 중 성공회가 아닌 '장로회'가 주요 종파다. 반면, 북아일랜드는 개신교가 아닌 가톨릭(구교)이 주요 종교로, 이런 차이점이 분리 독립을 주장하는 큰 계기가 되었다. 그래서 1969년부터 30년간 이어진 북아일랜드의 분리 독립

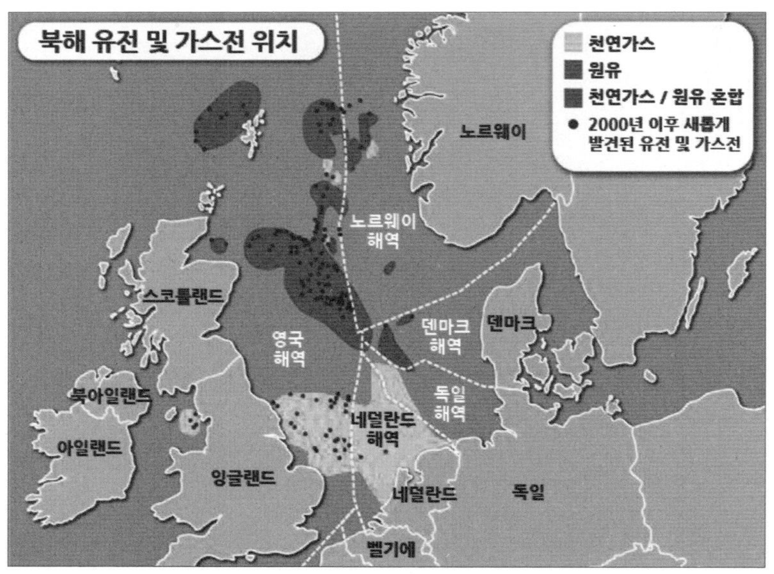

▲ 북해 유전 위치   출처 www.crystolenergy.com

운동을 '구교와 신교 간의 갈등'이라고 부르기도 한다.

영국의 네 지역 중에서 지금도 여전히 분리 독립의 목소리를 크게 내는 곳은 '스코틀랜드'다. 북아일랜드는 독립을 원하지만 실제로 하기는 어렵다. 1998년 통일된 북아일랜드법에 따르면 북아일랜드는 국민 투표로 주민 대다수가 찬성할 때만 영국에서 분리 독립할 수 있다. 그 국민 투표를 열려면 북아일랜드 주민 대다수가 영국에서 분리하는 걸 찬성한다는 여론조사 결과가 있어야만 국민 투표의 소집이 가능하다. 사실상 분리 독립이 어려운 셈이다. 그리고 아일랜드 섬으로 분리되어 있어 정체성을 유지하며 살 수 있고, 궁극적으로는 영국에 기대어 사는 것이 북아일랜드에게는 경제적으로 더 이익이기 때문이다. 웨일즈도 마찬가지다.

　한편 스코틀랜드가 당당하게 독립을 주장할 수 있는 것은 바로 '유전' 때문이다. 스코틀랜드 앞바다에는 북해 유전이 있다. 1970년대 이후 스코틀랜드의 제조업 경제가 나빠질 때에는 분리 독립을 크게 원하지 않았다. 하지만 북해 유전을 개발하고, 세계의 에너지 자원이 석유 중심으로 변해 가면서 북해 유전의 중요성은 더욱 높아졌다. 스코틀랜드는 석유를 등에 업고 영국의 경제가 어려워질수록 더 독립을 원했다. 북해 유전은 스코틀랜드가 유럽연합의 탈퇴를 찬성하지 않는 것과도 관련되어 있다. 영국이 유럽연합을 탈퇴하면 유럽 국가 내에서 무역을 할 때 관세가 붙고 자유롭게 무역할 수 없다. 그렇게 되면 북해 유전의 무역에 타격이 올 것이기 때문이다.

　반면, 영국은 스코틀랜드가 독립하면 세계 에너지 시장을 좌지우지하는 북해 유전의 경제권을 빼앗기게 된다. 그렇게 되면 영국의 경제는 타격을 받을 수밖에 없다. 그래서 더욱 스코틀랜드의 독립을 들어줄 의향이 없는 것이다.

　이렇게 연합 왕국이라는 하나의 지붕 아래, 네 개의 왕국이 살아가고 있지만 색깔도 다르고 생각도 다르다. 스코틀랜드, 웨일즈, 북아일랜드 모두 분리 독립을 원했지만, 결국 경제적인 이권에 따라서 분리 독립의 목소리가 커지는지, 작아지는지가 결정된다. 그렇다면 유럽의 또 다른 분리 독립 지역들은 어떨까?

스페인의 한일전
'레알 마드리드 vs FC바르셀로나'

우리나라의 축구 라이벌 경기는 한일전이지만, 스페인(스페인은 영어 명칭으로 교과서에는 스페인어인 '에스파냐'라고 표기된다.)은 자국 내에 큰 라이벌 경기가 있다. 바로 '엘 클라시코(El Clásico)'라 불리는 '레알 마드리드' 팀과 'FC바르셀로나' 팀의 경기다. 엘 클라시코의 사전적인 의미는 '전통의 경기'라는 뜻이지만, 레알 마드리드와 FC바르셀로나 경기를 상징하는 용어로 사용된다.

엘 클라시코의 경기 표를 구하는 건 하늘의 별 따기다. 구하기도 어렵지만 표 가격도 어마어마하다. 경기에 따라 조금씩 차이가 있긴 하지만 가장 저렴한 좌석은 350유로(약 51만 원) 정도이고, 가장 비싼 좌석은 750유로(약 109만 원) 정도다. 이게 공식 가격이고, 표를 구하려는 사람들이 많아 암표도 횡행해서 더욱 비싼 가격으로 사는 사람들도 많을 것이다.

이렇게 표 경쟁이 치열할 정도로 이들의 경기는 아주 인기가 많다. 이 두 팀은 '세기의 라이벌'이라고 불리는데 여기에는 '마드리드'와 바르셀로나가 속한 '카탈루냐' 지역 간의 갈등이 담겨 있다.

바르셀로나가 속한 '카탈루냐' 지역은 최근까지도 그들만의 강한 정체성을 내세우며 스페인에서 분리 독립을 하겠다고 주장하고 있다. 카탈루냐 지역이 분리 독립을 주장하는 이유는 무엇일까? 카탈루냐가 스페인의 다른 지역과 무엇이 다른지, 그리고 왜 다르게 되었

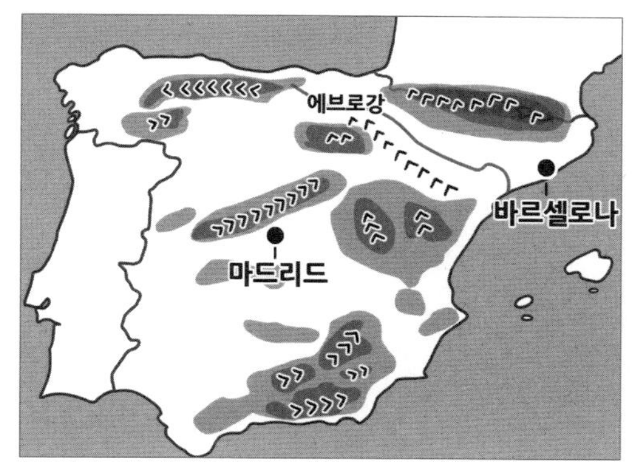

스페인의 지형과 주요 도시 위치

는지 지리의 렌즈를 통해 살펴보자.

먼저, '지형'의 차이가 있다. 카탈루냐 지역은 프랑스와 경계를 이루는 피레네 산맥과 더불어 사방이 산으로 막혀 있는 분지 지형이다. 그래서 마드리드 쪽과 교류하기 어려워 독자적인 문화를 만들 수 있었다. 카탈루냐 지방이 18세기에 스페인으로 합병되기 이전에는 별도의 카탈루냐 군주국으로 있었다. 이것은 마드리드를 중심으로 한 카스티야 왕국과는 대비되어 카탈루냐가 다른 정체성을 갖고 현재까지도 분리 독립을 하려는 근거가 되고 있다.

이렇게 다른 정체성을 문화적으로 가장 크게 보여 주는 것이 바로 '언어'다. 카탈루냐에는 스페인어와는 다른 '카탈루냐어'라는 독자적인 언어가 있다. 실제로도 많이 사용하고 있으며, 만약 바르셀로나로 여행을 간다면 지하철에 두 가지 언어가 병기된 모습을 볼 수 있을 것이다.

두 번째로, '기후'의 차이가 있다. 특히 스페인의 수도인 마드리드

가 있는 중부 내륙 지역은 강수량이 적은 편에 속한다. 왜냐하면 바다의 영향이 멀어지는 내륙 지역이며, 습윤한 편서풍을 들어 올려 비구름을 만들어 줄 큰 산맥이 부족하기 때문이다. 또한 남부 지역은 여름철에 사막에 영향을 주는 아열대 고압대의 영향을 강하게 받아 강수량은 더 적어진다. 이렇게 강수량이 적어서 농산물을 풍부하게 생산할 수 없었으며, 산업이 발달할 수 있는 조건을 충족시키지 못했다.

하지만 바르셀로나가 있는 카탈루냐 지역은 꽤 큰 산맥인 피레네 산맥을 뒤에 끼고 있다. 이 산맥이 습윤한 편서풍을 들어 올려서 비구름을 만들고, 비를 오게 하여 강수량이 많다. 빗물이 카탈루냐 지방 유역으로 흘러들어 '에브로(Ebro)'라는 스페인에서 유량이 가장 많은 하천이 만들어졌다. 이 하천 덕분에 여름이 건조함에도 불구하고 벼농사가 가능했다.

스페인의 전통 음식이라 불리는 '빠에야'를 많이 들어 봤을 것이다. 빠에야(Paella)는 라틴어로 '양쪽에 손잡이가 달린 프라이팬'을 뜻한다. 팬 위에 밥을 얹고 지역에서 나는 각종 재료를 얹어 먹는 음식으로 우리나라로 치면 일종의 돌솥밥 같은 것이다. 하지만 쌀을 바탕으로 요리한 빠에야는 스페인 전역에서 보기는 힘들다. 큰 강을 끼고 있어 벼농사가 가능한 카탈루냐와 인근 발렌시아 지역에서만 만날 수 있다.

세 번째로, 산업 차이가 있다. 물이 풍부한 것은 식문화에만 영향을 끼친 것이 아니다. '산업'에도 영향을 미쳤다. 산업혁명을 이끌었던 초기의 핵심 기술은 경공업인 섬유 산업을 이끄는 '방직기'였다. 방직기를 돌리기 위해서는 에너지원으로 수력이 필요했다. 그래서 물이 풍부한 카탈루냐 지방에서 섬유 산업이 맨 처음 시작된 것이다.

카탈루냐 지방은 스페인에서 유일하게 산업혁명이 일어난 지역이 되었다. 이를 시작으로 기계·금속·화학 공업 등 산업혁명 시절부터 오늘에 이르기까지 바스크 지방과 함께 스페인 경제를 이끄는 역할을 해왔다. 1인당 GDP로 비교해 보면, 2023년 기준 카탈루냐 지역은 스페인 GDP의 약 19.5%를 차지하는데, 카탈루냐의 인구 비중보다 높아 경제적 중요성을 잘 나타낸다.

네 번째로, '지리적 위치'의 차이가 있다. 카탈루냐 지방은 프랑스, 이탈리아와 가까워 물자를 교류하기에 유리하다. 유럽연합에 속해 있는 현재의 상황에서는 다른 유럽 국가들과 교류하기 좋은 지역이 산업이 발전하기 좋은 입지다. 바르셀로나가 '가우디 건축물' 등 문화적 유산이 많아서 관광 산업에 유리하긴 하지만, 위치적으로 다른 유럽에서 오고 가기에 편한 면도 무시할 수는 없다. 그래서 카탈루냐 지방이 2차 산업뿐만 아니라 관광을 포함한 3차 산업까지 계속 성장할 수 있는 것이다.

2015년에 카탈루냐 지역의 분리 독립에 대한 국민 투표를 실시했다. 그러나 스페인 헌법 재판소는 카탈루냐에 통과시킨 법안의 효력을 정지시키는 등 지속적으로 분리 독립을 막고 있다. 스페인 입장에서 스페인 경제를 이끄는 카탈루냐 지역을 내어 주는 것은 큰 손해이기 때문이다. 또한 프랑스와 이탈리아로 가는 통로의 일부를 내어주는 것이 되므로 큰 타격일 수밖에 없다. 최근 2021년 카탈루냐의 분리 독립을 지지하는 세력을 사면(죄를 용서하여 형벌을 면제하는 일)시켜 주면서 다시금 분리 독립을 향한 이야기가 나오고 있지만, 지리적인 이점이 큰 이 지역을 스페인이 순순히 내어 주기는 어려울 것이다.

피자의 나라, 이탈리아
피자처럼 반으로 쪼개지고 있다고?

'이탈리아'라고 하면 어떤 이미지가 떠오를까? 물론 피자가 바로 떠오르는 이들도 있을 것이다. 어떤 사람들은 구찌, 프라다, 페라가모, 보테가 베네타, 페라리, 람보르기니 같은 수많은 명품 등의 고급스러운 이미지가 떠오를 것이다. 반면, 어떤 사람은 총과 마약을 든 '마피아'를 떠올리며 가난과 범죄의 이미지가 떠오를 것이다. 어떤

이탈리아를 상징하는 마르게리타 피자

피자의 나라, 이탈리아 사람들이 가장 사랑하는 피자는 무엇일까? 현대 피자가 기원한 곳으로서 이탈리아 사람들의 피자 사랑은 어떤 메뉴이든 상관없겠지만, 그중에서도 꼽으라면 아마도 '마르게리타 피자'일 것이다.

마르게리타 피자는 1889년 나폴리를 방문한 마르게리타 여왕을 기리기 위해 '이탈리아 국기 색(초록색, 흰색, 빨간색)'을 상징해서 만들었다.

▲ 이탈리아 국기와 마르게리타 피자

마르게리타 피자는 이탈리아 국기를 상징하기도 하지만, 이탈리아의 대표적인 식재료를 사용하여 사랑받는 것도 있다. 이 식재료에는 '이탈리아의 지리'가 담겨 있다. 마르게리타 피자에 들어간 식재료는 초록색의 바질, 흰색의 치즈, 빨간색의 토마토다.

먼저 이탈리아 북부에는 산지가 많다. 높은 산지는 서늘하고 수분이 증발하지 않아 초원이 발달할 수 있었다. 이 초원에서 소를 키우며 치즈를 만드는 낙농업이 발달할 수 있었다.

이탈리아 산지와 북부 일부를 제외하고는 지중해성 기후가 나타난다. 여름이 뜨겁고 건조한 지중해성 기후로 인해 토마토와 바질이 잘 자란다.

모습이 진짜 이탈리아의 모습일까? 정답은 '둘 다'이다.

첫 번째 이탈리아의 고급스러운 모습으로 상징되는 명품들의 기원지는 대부분 이탈리아 북부에 있다. 두 번째의 모습으로 상징되는 마피아는 대부분 이탈리아 남부에 모여 있다. 이처럼 이탈리아 북부와 남부는 이미지뿐만 아니라 환경부터 산업까지 너무나도 다르다. 그래서인지 이탈리아 북부는 이탈리아 남부와 하나로 묶이기를 거부해 왔다. 그리고 이 거부 반응은 이탈리아 북부의 독립을 주장하는 '파다니아 운동'으로 나타났다.

파다니아(Padania)란 이탈리아 북부에 있는 포강 유역(187쪽 그림)의 평야를 지칭하는 라틴어 '피아누라 파다나(Pianura Padana)'에서 유래되었다. 처음에는 포강 유역 일대를 지칭했으나, 지금은 더 넓게 이탈리아 북부를 상징하는 용어로 쓴다.

그럼 이탈리아 북부는 정확히 어디부터 어디까지일까? 이탈리아는 행정적으로 총 20개의 '주(regione)'로 나뉘어 있다. 우리나라가 경기도, 강원도 등으로 행정 구역을 나눈 것처럼 '도 단위'라고 생각하면 된다.

총 20개의 중에서 '파다니아'라고 칭하는 이탈리아 북부는 일반적으로 11개 주(롬바르디아, 피에몬테, 베네토, 에밀리아로마냐, 프리울리베네치아줄리아, 트렌티노알토아디제, 리구리아, 발레다오스타, 토스카나, 움브리아, 마르케)를 말한다. 이탈리아 남부라고 지칭하는 주는 시칠리아섬과 사르데냐섬까지 포함해 나머지 9개 주에 해당한다. 이 남부와 북부가 왜 정체성이 다르고 분리 독립을 원하게 되었을까? 그 이

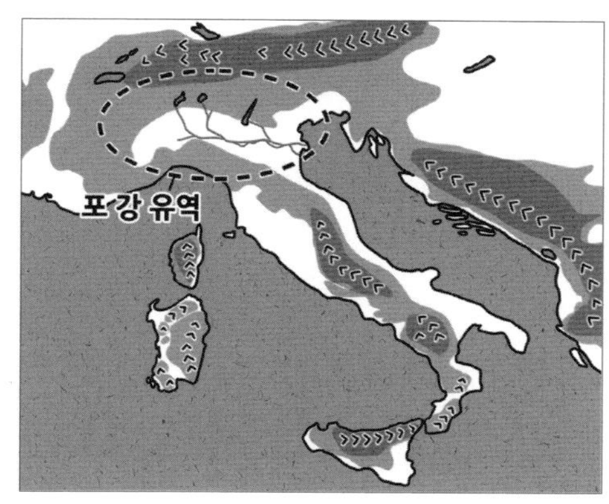

이탈리아 지형과 포강 유역

유를 또다시 지리의 렌즈로 들여다보자.

첫 번째는 '지형적인 차이'로 인한 것이다. 이탈리아는 국토가 긴 모양의 반도 국가다. 긴 모양의 국토여서 위치적으로도 북부와 남부로 나뉠 수 있는데, 지형적으로도 나뉠 수 있다.

먼저, 긴 국토의 지붕이라 불리는 이탈리아는 북부에는 알프스 산맥이 있다. 앞서 스페인 이야기에서 나왔지만 산업혁명 시기에는 수력이 매우 중요했다. 이탈리아 북부는 알프스 산맥의 빙하가 녹은 물이 흐르고, 바람이 산맥에 부딪혀 생기는 비구름으로 인해 강수량이 많다. 이런 환경은 수력이 발달하기에 매우 좋은 조건이다. 빙하가 녹은 물과 많은 강수량으로 인해 큰 강인 포강(Po river)이 흐르게 되어 산업용수로 쓸 수자원도 풍부하다.

이런 이유로 산업혁명 시절에 포강 유역을 중심으로 방직기를 이용한 산업이 발달하기 시작했다. 앞서 이야기한 명품들을 포함한 많은 산업과 중소기업들이 이 지역에서 탄생할 수 있었다. 다양한 기업들이 협업하기 위해 한 지역에 모여 있는 것을 '클러스터(cluster)'라고 한다. 이탈리아 소규모 기업들의 클러스터는 이탈리아 경제 성장의 원동력이 되고 있다.

반면, 지중해로 뻗은 반도 부분, 즉 이탈리아 남부 쪽에는 아펜니노산맥이라는 남북 방향으로 뻗은 긴 산맥이 있다. 그래서 하천은 서쪽 아니면 동쪽으로 흐를 수밖에 없는데, 긴 국토의 모양새로 인해 하천의 길이가 매우 짧아 큰 강이 발달할 수가 없었다. 이런 요건으로 인해 이탈리아 남부는 산업의 중심지로 발전할 수 없던 것이다.

더욱이 북부는 포강을 따라 교통과 물자의 흐름도 원활할 수 있었지만, 남부는 남북으로 긴 산맥으로 인해 동서 방향이 가로막혀 있어 물자를 유통하기에도 좋지 않았다. 산업혁명 이전 중세 시대의 이탈리아는 작은 도시 국가로 되어 있었다. 당시에는 스승 밑에서 배워 나가는 '도제' 교육을 받은 장인들이 많았다. 이 장인들의 정신을 이어받아 명품 산업이 발달할 수 있었다. 하지만 남부는 이러한 지형 조건이 받쳐 주지 못하여 장인들의 소공업이 큰 산업으로 발전할 수 없었던 것이다.

두 번째로, '위치적인 차이'가 있다. 1950년대 유럽연합의 전신인 유럽연합체가 생기고 나서부터 유럽 국가들과의 접근성이 매우 중요해졌다. 이탈리아 북부는 프랑스와 스페인 등 다른 유럽 국가와 가깝게 있어 교류하기가 더 쉬웠다. 반면 이탈리아 남부는 지중해와 접해 있어 유럽 국가와 교류하기가 쉽지 않다. 오히려 지중해를 통해서 북아프리카 및 중동 국가에서 들어오는 난민들이 더 많아졌다.

이런 이유로 남부의 경제는 더욱 나빠졌다. 남부와 북부의 지역 격차는 정치적으로 차별받고 있다는 불만의 씨앗이 되면서 마피아 조직이 생겨났다. 마피아 조직은 불법적인 경제 영역에 손을 대기 시작했고, 이로 인해 남부의 이미지는 더욱 안 좋아졌다.

지형과 위치라는 두 가지 지리적인 이유는 경제적인 차이를 만들었다. 산업이 발달한 이탈리아 북부는 경제적인 성장이 지속되고 있다. 반면 여전히 1차 산업이 중심이 된 남부는 경제적으로 더 낙후되어 두 지역의 경제적인 양극화를 가져왔다.

게다가 경제적인 양극화는 인구 이동을 불러왔다. 일자리가 많은 이탈리아 북부에는 사람이 계속 모여들지만, 일자리가 적고 치안이 좋지 않은 이탈리아 남부는 사람이 계속 빠져나가게 된 것이다. 인구가 유출되는 남부에서는 인구와 함께 인간 활동에 필요한 금융, 의료, 교육 등의 서비스 산업들도 빠져나갔다. 반대로 북부로는 모여드는 인구와 함께 다양한 서비스 산업 등이 집중되었다.

이와 같은 이유로 북부와 남부는 경제적인 차이가 점점 심해지는 악순환에 빠져 있다. 그러자 북부 지역의 사람들은 우리가 낸 세금으로 왜 남부를 먹여 살려야 하는지 모르겠다며 더욱 거세게 독립을 주장하는 것이다.

유럽 '통합'으로 가는 길은
'지역 균형'

　유럽의 분쟁들에는 공통점이 있다. 처음에는 지리적인 차이로 인해 지역 차이가 생겼고, 이 차이를 보완하지 못하면서 결국 '경제적인 불평등'이 심해져 분리 독립이 이야기된다는 것이다. 이 말은 즉, '지역 격차'가 '지역 갈등'을 일으킨다는 것이다. 지역 갈등은 사회적인 분열을 만들어 내고, 사회 발전을 더디게 한다. 이는 우리나라에도 시사하는 바가 크다. 우리나라 역시 수도권과 비수도권과의 격차, 그리고 한 지역 내에서도 지역 격차가 크기 때문이다. 유럽 내에서 분리 독립에 대한 이야기를 잠재우고, 통합을 이루기 위해서는 지역 격차를 줄여야 할 것이다. 우리나라 역시 마찬가지다. 우리나라의 통합을 이루기 위해서 지역 간에 균형 있는 발전을 이루어 지역 격차를 줄이는 데 힘써야 할 것이다.